本书由中国科技部十二五科技支撑项目(2015BAJ05B00)、中国博士后科学基金面上资助项目(2018M642907)、中央高校基本科研业务费专项资金项目(2042022kf1006)共同资助

基于众包模式的城乡规划公众参与研究

Research on Public Participation in Urban and Rural Planning by the Crowdsourcing Mode

李文姝　张　明　刘奇志◎著

前　言

自20世纪70年代以来，以计算机科学技术和信息通信技术为标志的信息革命给全球经济发展带来革命性的影响，特别是移动互联网的广泛普及和移动信息终端设备的使用，使得虚拟网络空间成为人际交流、知识共享、社会互动的重要空间。公众参与是城乡规划与建设管理的重要内容，也是推动城乡规划由技术工具转向社会治理的重要组织方式。信息通信技术为城乡规划公众参与带来了新的技术手段，不仅为规划过程中不同主体的交流互动提供了更为便捷的平台，提升了公众参与的广度和深度，同时也对传统"自上而下"的城乡规划体制产生颠覆性的影响。国家层面已明确提出要打造众包平台创新机制，各地方政府也利用信息通信技术和网络新媒体开展了一系列城乡规划公众参与实践活动。我们在庆幸信息技术促进公民参与发展的同时，也认识到在参与效果、参与媒介、参与内容等方面，显露出的较大差异。因此，我们不仅要"自上而下"建立信息时代的城乡规划公众参与机制，更需要了解"自下而上"公众的参与行为特征、参与动机和意愿。

本研究通过对众包模式的城乡规划公众参与机制和公众参与行为意愿的理论建构和案例研究，弥补了我国城乡规划在线公众参与这一领域的研究存在的不足，为政府引导组织和管理运营城乡规划公众参与提供科学依据。

首先，是城乡规划公众参与理论和公众参与模式的研究进展，介绍众包模式的类型、特点及应用案例,引入社会心理学领域的个体行为选择相关基础理论(理性行为理论、计划行为理论、合理行动理论、技术接收模型理论)。

其次,从城乡规划公众参与的组织方和参与方两个视角,进行本研究的理论模型构建。借鉴法学和行政管理学中关于公众参与机制与程序的研究理论,从众包参与的主体与对象、内容与范围、方式与平台、层次与效力、过程与结果五个方面,构建基于政府主导视角"自上而下"的城乡规划公众参与众包机制;同时借鉴社会心理学和行为科学领域的行为—选择、需求—偏好等相关理论,分析公众参与的行为特征、态度认知及参与动机,测度公众面对不同城乡规划尺度、内容和阶段,公众选择不同参与媒介、渠道、方式的意愿,构建基于公众个体视角"自下而上"的城乡规划众包参与行为选择理论模型。

再次,采用访谈研讨、问卷调查、统计分析、软件设计等多学科研究方法,选取武汉市和神农架林区开展大城市和小城镇两个区位尺度的案例研究。根据对公众参与的组织方、参与方、技术支持方以及提供咨询服务的专家组等不同的访谈对象进行分类,选择客观陈述式访谈、深度访谈、集体访谈等多种访谈方式,分析其不同的公众参与现状、特征及发展需求。在武汉市案例研究中,通过访谈研讨对武汉市城乡规划公众参与平台进行分类研究和效果评价,并对"众规武汉"众包平台进行案例分析;利用网络问卷调查软件 Berg Inquiry System 2.2 完成关于武汉市城乡规划公众参与认知、行为、动机和意愿的问卷设计及发放,使用统计软件 SPSS.22 和结构方程模型分析软件 AMOS.21、Smart PLS 进行"武汉市城乡规划公众参与的行为、态度和动机"统计分析,并进一步完成了"公众参与的动机与城乡规划参与意愿的关系研究""ICT 态度认知与在线公众参与意愿的关系研究",以及"基于 SP 实验设计的城乡规划在线公众参与意愿调查分析"。在神农架林区案例研究中,搭建了神农架规划管理在线参与平台,完成基于众包模式的"微信公众号+网页"规划编制公众参与系统设计和"移动终端 APP+网页"规划管理公众监督系统设计,并进行专业管理人员培训和系统推广。

最后，提出了基于众包模式的城乡规划公众参与保障机制和实施途径，指出了大城市和小城镇的差异化发展策略，以及未来在线公众参与的发展方向。

本研究选题源自国家科技支撑项目“小城市(镇)组群智慧规划建设和综合管理技术与示范(项目编号:2015BAJ05B00)”，并获得项目资助。

目　　录

第一章 绪 论

第一节 研究背景

一、理论层面

1. 传统城市规划公众参与的缺陷

虽然西方公众参与的理论早已传入我国,2007 年颁布的《中华人民共和国城乡规划法》(2015 年修正,以下简称《城乡规划法》)也确立了公众参与的法定地位及相关要求,主要包括规划编制完成后或规划许可作出后需要以公示的方式告知公众以及通过论证会、听证会等方式征求公众意见。总体而言,我国当前的城乡规划公众参与还普遍停留在象征性参与的阶段,不论是在参与的深度、广度还是参与活动的组织化程度、制度性保障,都处在较初级的阶段①。公众参与往往流于形式,公众、政府和规划工作者之间缺乏有效的沟通平台与渠道②。虽然许多地方国土规划主管部门的官方规划网站上也设立了规划公示、

① 于立:《中国城市规划管理的改革方向与目标探索》,《城市规划学刊》2005 年第 6 期。

② 徐明尧、陶德凯:《新时期公众参与城市规划编制的探索与思考——以南京市城市总体规划修编为例》,《城市规划》2012 年第 2 期。

专题讨论、城市论坛、公众投票、网上信访、投诉处理等一系列公众参与的栏目，以促进政府规划部门与公众的交流和互动；也有不少各式各样非官方的规划论坛网站建立了公众参与和交流讨论的平台。然而，这样的网络参与人群更多的是专业人士，规划网络参与和公众依然保有专业性和距离感，若要实现真正的公众参与，并非是针对小范围部分人群，而是希望社会大众都能够参与其中①。总体来说，当前我国城乡规划公众参与仍然以自上而下的官方信息发布的被动参与以及自下而上的维权申诉两种形式为主②，参与层次单一、参与效力不足。

2. 精英规划向大众规划的转变

全球范围内非营利、非政府组织等市民组织、团体及其活动的兴起使传统的政府体制遭到挑战，社会的发展逐渐受到世界的关注③。许多政府部门也逐步认识到自身的局限，开始转变长久以来公共利益代言人和决策人的角色，寻求能够走上与社会、公民相互合作以共同制定公共决策的良性发展道路④。在城乡规划领域，由政府部门和专业精英们主导的科学理性规划，开始逐步让位于具有可持续性的合作型动态规划，人们所倡导的“以人为本”的价值观通过合作过程中平衡政府、个人和团体各方利益将逐步实现。政府的职能从以往的直接干预、全面包揽，转向市场调节、组织协调、法律引导等间接手段，这为社会的发展和大众规划的营建提供了必要的生长空间⑤；同时，社会分工的高度细化、民主精神的增强，促生了越来越多自下而上的民间机构和社会化组织⑥，成

① ［德］哈贝马斯：《哈贝马斯精粹》，南京大学出版社 2004 年版。

② 赵民、刘婧：《城市规划中“公众参与”的社会诉求与制度保障——厦门市“PX 项目”事件引发的讨论》，《城市规划学刊》2010 年第 3 期。

③ 王晓川：《走向公共管理的城市规划管理模式探寻——兼论城市规划、公共政策与政府干预》，《规划师》2004 年第 1 期。

④ 龙元：《交往型规划与公众参与》，《城市规划》2004 年第 1 期。

⑤ 许锋、刘涛：《加拿大公众参与规划及其启示》，《国际城市规划》2012 年第 1 期。

⑥ 程遥：《超越“工具理性”——试析大众传媒条件下城市规划公众参与》，《城市规划》2007 年第 11 期。

为公民参与社会活动的新载体。Souza 和 Kapp 等学者提出了自治规划(Autonomy planning)的理念,指出未来的公众参与应该由公众来主导整个规划过程,并拥有最终的决定权①,这将是获得社会公正最民主也最合理的方式②。很多专家对其充满了期望和赞扬,虽然实践成功的案例并不多,但至少让我们看到了通往理想王国的希望。

3. 缺乏在线公众参与的理论指导

信息通信技术为城市研究带来的机遇,城乡规划工作也逐步从技术工具的物质规划转向面向民众的社会活动。信息通信技术为城乡规划公众参与带来了新的技术手段,为规划过程中不同的主题提供多样化的交流互动平台,将最大多数的市民,无意识地吸纳、参与到规划的全过程③,对传统自上而下的城乡规划体制产生了革命性的影响。相较于传统的公众参与模式,如座谈会、听证会,在线公众参与模式有着诸多的优势:一是传统的会议多以面对面为主要参与方式,参与者的情绪和选择往往被少数人影响和主导,而真正的公众则沦为了沉默的大多数;二是传统模式下因受到固定时间和固定地点举办会议或相关活动的限制,常常导致由于出行等原因造成的大面积缺席情况④。新的公众参与网络模式不再拘泥于时空限制,为公众参与提供了更便捷、更灵活的参与方式,参与的广度、深度及效果都得到显著提升。近年来,大数据与“互联网+”背景下催生的“众包、众筹,众创”等新的理念的涌现,正成为社会

---

① Lopes M, Souza D., “Urban development on the basis of autonomy: A politico-philosophical and ethical framework for urban planning and management”, *Ethics Place & Environment*, Vol.3, No.2, 2000, pp.187-201.

② Kapp S, Baltazar A P., “The paradox of participation: a case study on urban planning in favelas and a plea for autonomy”, *Bulletin of Latin American Research*, Vol.31, No.2, 2012, pp.160-173.

③ 赵珂、于立:《大规划:大数据时代的参与式地理设计》,《城市发展研究》2014 年第 10 期。

④ 董宏伟、寇永霞:《智慧城市的批判与实践——国外文献综述》,《城市规划》2014 年第 11 期。

经济组织模式转型的新动力,推动新一轮规划管理模式的转型①。通过自上而下和自下而上两种模式的结合,聚合集体智能,实现开放式规划,不仅丰富了创新源,也调动了市民对规划建设的积极性②。但是我们也看到,一方面信息技术倒逼公众参与方式的转变,另一方面在理论范式研究进展上成果较少,缺乏在线公众参与的顶层设计和理论指导。

二、实践层面

1. 日益严峻的邻避现象

伴随现代化与城市化的快速发展,城市规模不断扩大、工业水平持续提升,世界各国在这一进程中都不同程度地兴建工业企业来拉动经济增长,或扩建公共设施如垃圾填埋场,来满足日益增加的人口需求③。这些设施对促进经济发展和维持生活水准是重要的,但也存在很大的污染威胁性,被称为邻避设施,其选址与兴建常常招来毗邻民众的反对。

近年来,我国因邻避设施的选址、兴建或者扩建而引发的民众抗争现象(简称邻避现象,Not—In—My—Back—Yard,简称 NIMB)屡屡发生④,如“2007年北京六里屯垃圾填埋场事件”⑤“2007 年厦门 PX 事件”⑥“2009 年广东番

① 周素红:《规划管理必须应对众包、众筹、众创的共享理念》,《城市规划》2015 年第 12 期。

② Seltzer E, Mahmoudi D., “Citizen participation, open innovation, and crowdsourcing: Challenges and opportunities for planning”, *CPL bibliography*, Vol.28, No.1, 2013, pp.3-18.

③ 刘晶晶:《国内外邻避现象研究综述》,《生产力研究》2013 年第 1 期。

④ 刘佳佳、黄有亮、张涛:《邻避设施选址过程中公共参与方式选择研究》,《建筑经济》2013 年第 2 期。

⑤ 周泱:《运用景观生态学的方法恢复被破坏土地的探索——以北京海淀区六里屯垃圾填埋场为例》,《广东园林》2007 年第 6 期。

⑥ 赵民、刘婧:《城市规划中“公众参与”的社会诉求与制度保障——厦门市“PX 项目”事件引发的讨论》,《城市规划学刊》2010 年第 3 期。

禺垃圾焚烧发电厂事件”①“2012 年宁波 PX 事件”②等，容易激起社会矛盾，引发社会事件。

发达国家的经验表明，公众参与是避免此类选址事件恶化的主要方式③。通过健全的沟通机制和有效的公众参与，增加项目风险评估的透明度，组织当地居民不断参与风险评估和决策过程，增进民众对风险的正确认识，最终实现公众对设施选址或改建决定的接纳④。重视城乡规划公众参与的组织和实施是减少邻避现象的重要手段和有效途径。

2. 智慧城市和新型城镇化建设促进城乡规划在线公众参与的发展

在我国进入全面建成小康社会的决胜阶段和城镇化深入发展的关键时期，国务院发布了《国家新型城镇化规划(2014—2020 年)》，对全国城镇化健康发展进行宏观性、战略性和基础性指导，要走以人为本、四化同步、优化布局、生态文明、文化传承的中国特色新型城镇化道路。与此同时，随着信息与通信技术(Information and Communication Technology，ICT)的不断发展，城乡规划管理迎来了全新时代，物联网、互联网、云计算等技术的集成和应用，正在形成新的城市技术支撑系统。智慧城市(Smart City)可以通过各类信息通信技术的运用提升城市的运行效率与城市竞争力，为缓解城市贫困、贫富差距及环境恶化等城市问题提供新的解决途径和技术支持⑤。《国家新型城镇化规划

---

① 陈阳：《大众媒体、集体行动和当代中国的环境议题——以番禺垃圾焚烧发电厂事件为例》，《国际新闻界》2010 年第 7 期。

② 王灿发、李婷婷：《群体性事件中微博舆论领袖意见的形成、扩散模式及引导策略探讨——以 2012 年“宁波 PX 事件”为例》，《现代传播(中国传媒大学学报)》2013 年第 3 期。

③ 侯璐璐、刘云刚：《公共设施选址的邻避效应及其公众参与模式研究——以广州市番禺区垃圾焚烧厂选址事件为例》，《城市规划学刊》2014 年第 5 期。

④ J.Popper，“Siting of LULUs”，*Planning*，No.47，1981，No.47，pp.12-15.

⑤ Harrison C，Eckman B，Hartswick P，et al.，“Foundations for Smart Cities”，*IBMJ*，*Res. Develop*，Vol.54，No.4，2010，pp.1-16.

(2014—2020年)》也明确指出,要通过推进智慧城市建设,提高城镇规划科学性,加强空间开发管制,健全规划管理体制机制,提升规划建设水平,以达到提高城镇可持续发展能力的目标。

新型城镇化是我国信息化和城镇化结合的重要模式,新型城镇化的开启迎来智慧城市发展的重大机遇;同时智慧城市建设也为新型城镇化提供发展动力。城乡规划在线公众参与和智慧城市以及新型城镇化建设相互促进、协调发展。智慧城市和新型城镇化建设为城乡规划在线公众参与的发展提供平台和技术,城乡规划在线公众参与实施也促进了智慧城市和新型城镇化的实践。

3. 公众参与的信息分化问题

在当前信息化发展过程中,由于信息技术的迅速发展和广泛应用,不同信息主体之间的信息差距凸显,且呈扩大发展的态势,这种现象在信息社会学中被称为信息分化、信息鸿沟、信息区隔、数字分化等①。从全球范围看,发达国家和发展中国家之间存在非常明显的信息分化现象。在我国,信息分化现象也非常严重,其表现为城乡间的信息分化和中西部区域信息分化。

当前中国经济社会的发展存在明显的"二元结构"问题,城乡之间二元结构不仅仅存在于传统的社会经济领域,也存在于互联网技术领域。从获取信息和信息应用的角度来看,城乡信息技术鸿沟也是加深二元结构分化的一个重要因素。早已完成城镇化的发达国家,不存在出现城镇化与信息化同步进行的情况,而中国的国情却是信息化建设正处在大规模的城镇化建设中,乡镇的信息化建设水平远远滞后,乡村、中小城镇与大城市的发展极为不均衡。虽然当前的发展方向是促进城乡一体化,但我国的资金和技术力量主要集中在城市地区,特别是一线二线大中型城市,然而在提升城市信息化建

① 谢俊贵:《社会信息化过程中的信息分化与信息扶贫》,《情报科学》2003年第11期。

设水平的同时也会进一步加剧我国当前城市与乡镇的发展差距，反而不符合城乡一体化建设的目标①。从政府引导的角度来看，重城市、轻农村，重大中城市、轻小城镇的理念依然严重，致使不少乡镇成为“边缘区”“空档区”的信息孤岛。

我国中西部区域信息分化现象也很突出。在我国东部发达地区和大城市已基本开展数字地理空间框架架构工作，采集并建立了基础地理信息数据库，搭建了地理信息公共平台、开展了典型应用示范以及典型支撑环境建设等工作；而位于中西部地区的小城镇，大多缺乏足够的经济和技术能力搭建自己的规划建设与管理服务综合信息平台，即使有些城镇获取了资金建设信息平台，也缺乏足够的物力、人力持续维护平台运转和信息更新。

应对城乡之间、中西部区域之间，不同地区信息技术应用水平参差不齐，管理模式、应用场景、用户需求、基础设施条件千差万别，需要探索不同地域的公众参与差异化发展路径。

第二节 研究问题的提出

在我国信息技术迅猛发展与城乡规划从物质规划向社会规划的转型时期，从城乡规划公众参与的角度，探索基于众包模式的城乡规划在线公众参与的机制与应用。研究希望解决以下几个方面的问题。

（1）探索基于众包的公众参与模式在城乡规划领域的适用性。与传统参与方式相比，众包参与模式的优势是什么？有哪些参与模式和案例？局限性是什么？

（2）探索基于众包的城乡规划公众参与模式的机制，从“自上而下”政府主导的视角，如何界定众包参与的主体与对象、内容与范围、方式与平台、层次

① 于少青：《从“智慧城市”到“智慧城镇”——对智慧城市建设的冷思考》，《经营管理者》2014年第24期。

与效力、过程与结果？

（3）探索基于众包的城乡规划公众参与的行为选择偏好。从“自下而上”的公众视角，如何了解和测度公众对城乡规划众包参与的认知与态度？参与的需求与动机？参与的行为与意愿？以及它们之间的相互影响关系和选择偏好？

（4）探索不同区位条件下大城市和小城镇的众包参与模式。分析大城市和小城镇的公众参与特点与发展需求是否一样？差异性在哪里？

（5）探索众包模式的城乡规划公众参与保障机制与实施途径。如何统筹考虑保障众包参与模式的相关机制？如何制定针对众包模式的公众参与实施方法与途径？以及大城市和小城镇差异化的发展路径？

第三节　相关概念界定

一、公众

公众，主要是指政府管理和服务的对象，包括城乡居民、外来人员、行政单位以及其他生产、生活共同体成员①。公众不仅仅指个体的居民，还涵盖了民间组织（如学术社团）、营利性组织（如房地产商）、专业服务性组织（如咨询公司）等非政府组织②。

本研究所探讨的“公众”是针对众包参与模式的公众，既包含居民个体，也包括社会组织。从自上而下的政府主导和自下而上的大众自发两个视角，细分为基于政府主导需要参与的“公众”和基于公众视角愿意参与的“公众”：基于政府主导需要参与的公众分为普通大众、专业人士、利益相关者三类；基

① 赵德关：《城市管理公众参与的理性思考》，《上海城市管理》2006 年第 3 期。

② 陈迅、尤建新：《新公共管理对中国城市管理的现实意义》，《中国行政管理》2003 年第 2 期。

于公众的视角，是指那些愿意参与并且具有参与能力的公众。

二、公众参与

对公众参与的概念，中西方学者存在着不同的理解。西方最早研究公众参与的 Skeffington(1969)在其报告中指出，公众参与是公众和政府共同制定政策和决议的行为①。不论是发表言论还是开展实施行动，只有在公众积极参与制定规划的全过程，才能实现充分且有效的参与。公众参与阶梯理论(A ladder of citizen participation)的提出者 Amstein(1969)认为，公众参与是一种公众权力的再分配，通过这种再分配，被排除在现有政治经济政策制定过程之外的无权公众，能够被认真地囊括进来②。Swell 和 Coppock(1977)认为，确定"公众是谁"取决于参与特定的过程，参与者范围的确定与目标的类型和希望达到的结果有着明显的联系。Aggens(1983)指出没有单一的公众，需要根据他们不同的兴趣和能力来划分不同的层次和等级③。Smith(1984)认为，公众参与是指任何相关的个人或团体采取以影响决策、计划或政策的一种行动④。较早开展公众参与研究的中国学者孙施文(2007)认为，公众参与是我国公民的一项基本权利，在城市规划制定和实施的过程中，必须让广大的市民，特别是受到规划内容影响的市民能够参加到规划编制和制定中来，规划部门和编制单位必须听取市民的各类意见，并将这些意见尽可能反映到规划决策之中⑤。

---

① Ministry of Housing and Local Government, "People and Planning(Skeffington Report)", *Her Majesty's office*, No.1, 1969.

② Amstein, S.R., "A Ladder of Citizen Participation", *Journal of American Institute of Planners*, 1969, No.35, p.4.

③ Smith, L.G., "Public Participation in Policy Making: The State-of-the-Art in Canada", *Geoforum*, Vol.15, No.2, 1984.

④ Smith, S. L., "A political economy of urbanisation and state structure: urban and industrial change in two selected areas", *University of Kent*, 1984.

⑤ 孙施文:《现代城市规划理论》，中国建筑工业出版社 2007 年版，第 462 页。

本研究中的城乡规划公众参与主要是指:公众通过各种合法的渠道和方式,参与到城乡规划活动的各个阶段(全过程),通过表达自己的意见,对城乡规划有所影响的过程,其目的是提升规划行为与决策的公平、公正与公开性,使规划活动能切实体现公众的利益需求,真正地做到以人民为中心。可以说,城乡规划公众参与是对权利(政府—公众)再分配的利益博弈过程。

三、众包

众包概念(Crowd-sourcing)的首次提出是美国记者 Howe 发表于 2006 年《连线》杂志,他认为众包是企业或者机构将过去由员工执行的工作任务以自由自愿形式外包给非特定的网络用户完成的一种做法。作为一种极具潜力的开放式生产组织模式①,众包的出现改变了传统企业创新及生产模式,是一种全新的解决问题途径。它以网络为基础,利用多学科交叉的集体智能,通过多种奖励机制吸引网络潜在劳动力自愿参与解决公司或企业提出的问题,在参与活动过程中获得一定的心理认同以及满足感②,是一种经济、高效的创新性生产组织模式。

在 Howe 提出众包概念后,国内外专家学者也陆续提出了自己的见解。Thrift(2006)认为众包是通过刺激和协调不规则资源,使之能够组织化工作③。Brabham(2008)指出众包是通过大众来解决企业在线发布的问题,获胜者赢得一定报酬,企业得到创意所有权的生产模式④。倪楠(2009)认为,"众

① Howe J.,"The Rise of Crowdsourcing",*Wired*,Vol.14,No.6,2006,pp.176-183.

② Daren C.,Brabham,"Crowdsourcing the public participation process for planning projects",*Planning Theory*,No.8,2009,pp.242-262.

③ Thrift N.,"Re-inventing invention:new tendencies in capitalist commodification",*Economy and Society*,Vol.35,No.2,2006,pp.279-306.

④ Brabham D.C.,"Crowdsourcing as a model for problem solving:an introduction and cases",*The International Journal of Research into New Media Technologies*,Vol.14,No.1,2008,pp.75-90.

包”是利用组织外人士的智慧、力量来完成组织发布的特定任务，且不包含具体的发包对象的大众委托契约①。可以说众包是一种社会化组织模式，它以接入互联网的电脑和移动终端（智能手机、pad 等）为基础构建众包平台，在线发布任务或需求，组织、整合离散的智力、体力资源共同参与解决问题，这些资源既包括专业人士，也包括专业大众和普通大众。

众包最初主要应用于商业领域。企业为了实现产品与市场需求的对接，强化自身创新能力，开始采取“用户创造内容”的生产理念，众包应运而生②。随着开放源代码时代的到来，众包的应用开始延伸到程序设计、软件更新、百科撰写等更广泛的领域，应用范围的推广以及应用模式的多样化使众包展现出更强的市场价值③。近年来，随着大数据的兴起，众包的应用越发成为各领域关注的热点。虽然它的出现早于大数据的兴起，但随着大数据时代数据分析、挖掘技术的迅猛发展，包括云计算、开放街景地图、WebGIS 在内的新兴网络技术开始应用于更高效地分析、处理众包任务中获取的公共数据和创意方案，大数据给众包带来了新的发展机遇。而众包的应用范围也进一步拓展，目前已广泛应用于包括资料采集、定位导航、娱乐影音、电商推介、市场预测在内的诸多领域④。未来，众包在公共领域尤其是健康、城市建设以及环境保护等领域的应用将是它的重要发展趋势。

在本研究中，众包参与模式被认为是城乡规划公众参与的信息技术新模式，既包括公众参与的组织方通过信息技术和网络平台（比如移动终端）完成城乡规划编制与管理中公众参与的组织，也包括公众参与的参与方使用信息

① 倪楠：《“众包”——企业 HR 管理借助外力的新模式》，《新资本》2009 年第 4 期。

② Doan A., Ramakrishnan R, Halevy A.Y., “Crowdsourcing systems on the World-Wide Web”, *ACM*, 2011.

③ Doan A. H., Ramakrishnan R, Halevy A. Y., “Crowdsourcing Systems on the World-Wide Web”, *Communications of the Acm*, Vol.54, No.4, 2011, pp.86-96.

④ Estellésarolas E., “Towards an integrated crowdsourcing definition”, *Journal of Information Science*, Vol.38, No.2, 2012, pp.189-200.

技术手段和网络平台参与城乡规划活动的行为。

第四节 研究思路

一、理论研究视角

本研究从城乡规划公众参与的组织方和参与方两个视角开展理论研究，构建基于政府主导的“自上而下”城乡规划公众参与众包机制，以及基于公众个体视角的“自下而上”公众参与行为选择理论模型。

基于政府主导视角的城乡规划众包参与机制的构建，具体从众包参与的主体与对象、内容与范围、方式与平台、层次与效力、过程与结果五个方面进行研究。具体解决谁参与、参与什么、什么方式参与、何种程度参与、如何实施参与、如何评估参与等问题。

基于公众个体视角的城乡规划众包参与行为选择理论模型，具体从公众对城乡规划众包参与的认知与态度、需求与动机、行为与意愿进行研究。了解公众为什么参与或不参与以及面对不同参与内容和工具的参与意愿偏好。

二、案例研究区域

本研究从大城市和小城镇两个区域尺度来进行案例研究。

由于我国社会经济发展的区域不均衡和“城乡二元”结构导致城乡规划公众参与区域发展差异较大。在传统城镇化模式条件下，以行政主导的资源集聚使得我国呈现出鲜明的城镇等级结构，从顶层到末端依次为：4 个直辖市（北京、上海、天津、重庆），2 个门户城市（广州、深圳），50 个省会城市和副省级城市，300 多个地级市，2800 多个县/县级市。这种单核发展模式最直接的结果就是导致巨型城市的产生和基数庞大、类型多样、星罗棋布、发展缓慢的小城镇。在当前智慧城市建设过程中，信息分化现象同样存在。从 2012 年起,国家分三批次逐步推进国内智慧城市建设,截至目前,我国已有近 300 个城市相继提出智慧城市建设规划,国家智慧城市试点已达到 290 个。然而详细审阅智慧城市试点不难发现,目前我国智慧城市建设主要集中在"市(区、县)","镇"的试点仅仅只有三十分之一。在城乡规划公众参与领域,大城市和小城镇的发展模式和特点也存在着较大的差异。大城市公众参与平台搭建已初见成效,公众参与的积极性高,参与效果好;而小城镇的城乡规划公众参与还处在原始初级水平,公众参与平台尚未建立。

在本研究中,选取湖北省武汉市作为大城市研究尺度的代表。武汉市是我国中部的政治、经济、金融、文化、教育和交通运输中心。作为"九省通衢"的武汉是全国重要的交通枢纽,数十条铁路、公路、高速公路穿过城市,连接其他区域的主要城市。随着经济和城市的快速发展,武汉成为中国最具竞争力的城市之一。武汉市城乡规划在线公众参与组织工作成绩突出,发展状况位居全国前沿,成功组建了"众规"武汉公众参与平台,组织了"东湖绿道在线规划""我身边的停车场"等受到公众欢迎和积极参与的众包活动,搭建了一个由社会大众、专业机构共同参与的众人规划平台。

在本研究中,选取神农架作为小城镇研究尺度的代表。小城镇是指介于乡村与城市之间的过渡型居民点,通常为 20 万人以下的县级市、依法设立的建制镇和农村集镇,处于农村之首、城市之尾,是连接城乡、接收和传递城市辐射的重要枢纽,在城镇化进程中起着重要的中间传导、分工、示范作用,提供低门槛、低成本的创业与就业门路,具有引导分流作用和服务功能①。神农架位于湖北省西部,总人口 8 万人,地处山地地形,面临城镇居民点呈离散分布,交通欠发达,自然灾害频发,城乡规划管理水平较低等特点,急需低成本的基于众包模式的城乡规划公众参与技术手段。

---

① 仇保兴:《当前我国小城镇发展的困境及其对策》,《理论参考》2004 年第 4 期。

三、研究对象分类

本书的对象涉及公众参与的组织方、公众参与的参与方、技术支持方以及提供咨询服务的专家组等几类人群。

(1)公众参与的组织方为城乡规划编制与管理的主管行政部门。在武汉研究案例中,武汉市城乡规划众包参与的组织方包括武汉市国土资源规划管理局、武汉市编制研究与展示中心、武汉市规划院等相关单位。在神农架案例中,城乡规划众包参与的组织方为神农架林区规划局和城建局。

(2)公众参与的参与方为公众(普通民众),既可以是拥有本地户口的市民,也可以是暂居或游玩的普通人员。在本研究中分别选取武汉居民和神农架居民作为参与方的调研对象代表。

(3)技术设计方包括软件开发人员和后台管理人员。众包参与模式主要依托信息网络技术,以基于网页和移动终端的 APP、社交平台等媒介和载体提供参与渠道,因此,本研究中调研对象包含提供技术支持的软件开发人员和后台管理人员。这些技术人员可能也同时是公众参与的组织单位工作人员。

(4)专家组成员作为本研究的咨询服务提供方,既包括高校城乡规划学和行政管理等相关专业的专家,也包括国家科技支撑项目“小城市(镇)组群智慧规划建设和综合管理技术与示范”项目组成员。

第五节　研究内容与框架

一、研究内容

根据上述研究思路,按照“从理论到实践”的研究路线,本研究主要内容包括以下五个部分:

第一部分绪论(第一章)。

本章节从理论层面和实践层面对研究的缘起进行了说明,提出了我们的主要研究问题;对相关概念进行界定,提出整体研究思路、研究内容和框架,以及本研究所采用的研究方法和工具。

第二部分理论研究(第二章、第三章)。

在第二章中对研究现状和基础进行梳理和归纳。总结城乡规划公众参与理论的研究进展,并对参与式规划理论进行重点解读;总结城乡规划公众参与模式的研究进展(发展历程、参与内容、参与方式)以及在线公众参与的发展状况;介绍众包模式的类型、特点及应用案例;借鉴社会心理学领域的个体行为选择理论(理性行为理论、计划行为理论、合理行动理论、技术接收模型理论);并从上述研究基础上发现研究缺陷和空隙,对后续理论模型构建予以启示。

在第三章中进行本研究的理论模型构建。从城乡规划公众参与的组织方和参与方两个视角,构建基于政府主导视角的"自上而下"城乡规划公众参与众包机制,以及基于公众个体视角的"自下而上"公众参与行为选择理论模型。基于政府主导视角的城乡规划众包参与机制的构建内容包含众包参与的主体与对象、参与的内容与范围、参与的方式与平台、参与的层次与效力、参与的过程与结果五个方面。基于公众个体视角的城乡规划众包参与行为选择理论模型则从公众对城乡规划众包参与的认知与态度、需求与动机、行为与意愿来研究。

第三部分研究设计(第四章)。

根据上述理论研究,选择研究方法开展调研和实验设计,获得相关数据。针对公众参与中不同的参与对象与主题,采取不同的研究方法,具体包括访谈法、问卷调研法和软件开发。在访谈设计中首先根据访谈对象和访谈内容的不同选择适合的访谈方式,具体包括客观陈述式访谈、深度访谈、集体访谈(头脑风暴法、德尔菲法)。在问卷设计中,研究内容包括问卷的类型、问卷设计的原则与过程、变量的测试题目的来源、问卷测试及样本检验、正式调研和检验以及数据统计方法选择。在软件设计部分，研究内容包括基于移动终端的软件设计原则、功能模块设计、系统流程设计、模块界面设计以及系统推广。

第四部分案例研究分析（第五章、第六章）。

在案例研究部分，分别对大城市和小城镇两个区域尺度进行案例分析。

第五章为武汉案例研究部分，首先是对武汉市城乡规划公众参与平台进行分类研究和效果评价，并对众包模式公众参与案例——“众规武汉”进行了详细解读；然后以问卷调研的方式来详细了解公众对城乡规划众包参与的态度与认知、需求与动机、行为与意愿。分析内容包含“城乡规划公众参与行为分析”“城乡规划公众参与态度与认知分析”“城乡规划公众参与需求与动机分析”“公众参与的动机与城乡规划参与意愿的关系研究”“ICT 态度认知与在线公众参与意愿的关系研究”，以及“基于 SP 实验设计的城乡规划在线公众参与意愿调查分析”。

第六章为神农架案例研究部分，通过现状调研，总结城乡规划编制与管理中存在的主要问题；搭建神农架规划管理在线参与平台；实现基于众包模式的规划编制公众参与系统和规划管理公众监督系统；并进行专业管理人员培训和系统推广。

第五部分结论与展望（第七章）。

本章节主要是对本研究的主要研究成果进行归纳并提出相关对策建议，总结了本研究的创新点，提出基于众包模式的城乡规划公众参与保障机制和实施途径，以及大城市和小城镇的差异化发展策略。总结研究的不足之处和局限性，指出未来研究方向。

二、研究框架

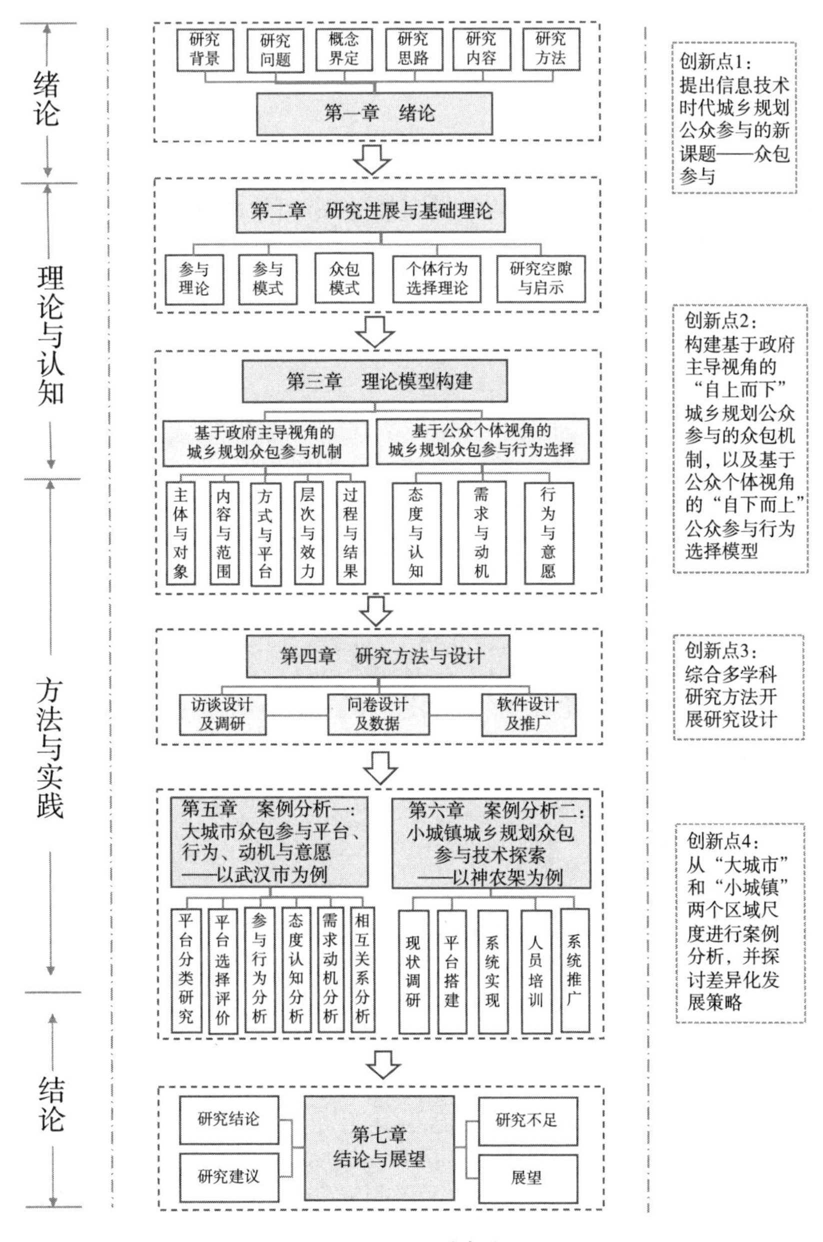

图 1.1　研究框架

第六节 研究方法与技术路线

一、研究方法

本研究是关于公众参与的综合性研究,结合社会学、行政学、公共管理学、心理学和行为科学等多个学科的知识和理论,采用定性与定量相结合的方式进行研究。

1. 文献研读

利用 Web of science、Elsevier、Taylor & Francis、中国知网、万方等中外数据库和检索工具,以"public participation"①"crowdsourcing""e-governance""behavior preference""公众参与""城市(城乡)规划""众包""行为选择"为题名、主题、关键词进行搜索,获取大量的学术资料和参考文献。在深入研读文献的基础上,本书从城乡规划公众参与的理论、城乡规划公众参与的模式、众包模式、个体行为选择基础理论等几个方面进行梳理和总结,并指出前人研究的空隙及对本研究的启示。

2. 访谈研讨

针对不同的研究对象和研究需求,本研究进行了多组访谈探讨。

第一组是针对公众参与的组织和管理部门工作人员进行的客观陈述式访谈。

---

① 公众参与直接对应的英文是 public participation。在英语中类似的提法还有很多,如"市民参与(citizen participation)""社区参与(community participation)""居民参与(resident participation)"等,这些提法与 public participation 相比,除了主体范围有一定的区别以外,基本含义一致,都属于 public participation 的一部分。所以在本文中所称的公众参与除了指对应的 public participation 以外,也包含以上类似概念。

第二组是以面对面深度访谈的方式了解市民对城乡规划公众参与的基本态度和参与行为，以便获取问卷设计内容的第一手资料。

第三组采用头脑风暴访谈法，分别与武汉市城乡规划公众参与的组织方讨论城乡规划众包参与的平台组织与机制构建情况；与神农架林区城乡规划管理单位及众包平台技术支持方讨论神农架在线规划管理众包平台组织与系统设计相关情况。

第四组采用德尔菲访谈法，逐轮征求指导教师组专家、政府管理人员、行业从业人员、课题组成员对问卷设计和软件设计的意见，并对问卷设计中的设问问题、变量、模块功能进行赋权打分。

3. 问卷调查

经过文献综述和访谈研讨之后，确立问卷内容，利用 Berg Inquiry System 2. 2 进行网络问卷设计，并借助 Nenge 软件编程实现 SP 实验的正交设计部分。问卷调查采用随机和分层结合的方法进行抽样数据采集，以线上和线下结合的方式进行问卷发放，因为调研内容的特殊性，以线上发放为主，线下发放为辅。

问卷发放分为两部分，第一部分为测试部分，选取“城乡规划公众参与态度”部分通过 Berg Inquiry System 2. 2 在线问卷系统进行初步发放与测试，并对预测试结果进行了信效度分析并调整相关选项。第二部分为正式发放部分，修订后的正式问卷采取对武汉市中心城区及远城区市民随机和分层抽样相结合的方式以进行数据采集。

4. 统计分析

本研究所采用的数据分析工具为社会科学统计软件 SPSS.22 和结构方程模型软件 AMOS.21、Smart PLS。

首先，使用 SPSS 对调研结果进行描述统计和部分变量权重处理，对调研内容公众参与行为的基本特征进行归纳阐述,并结合《2016武汉市统计年鉴》对调研对象的受访合理性进行评估和权重。

其次,将SPSS软件和结构方程模型软件结合使用,对数据进行信效度检验分析。然后进行了探索性因子分析和验证性因子分析,寻求潜变量之间的关系。并使用结构方程模型软件AMOS对假设结构方程模型进行拟合验证。

在State Preference实验设计部分,对实验结果的后台数据进行单因子编码coding和多因子交互编码interaction coding,然后采用SPSS对其进行回归分析。

5. 数据挖掘

在本研究的案例部分,针对武汉市在线规划参与平台,选取"武汉国土规划"新浪微博和"众规武汉"微信公众号,对其发布信息和后台用户进行数据挖掘。

6. 软件开发及推广

在神农架案例研究部分,本研究进行了众包软件APP的研发和基于移动终端的微信公众号设计及基于PC网页端的后台系统设计。根据基于不同端口的系统设计原则,设计了任务管理模块、数据采集模块、数据更新模块、质检模块、用户管理模块五大模块;并分别对移动端和PC端的各个模块进行界面设计;最后通过路演进行软件宣传和系统推广。

二、技术路线

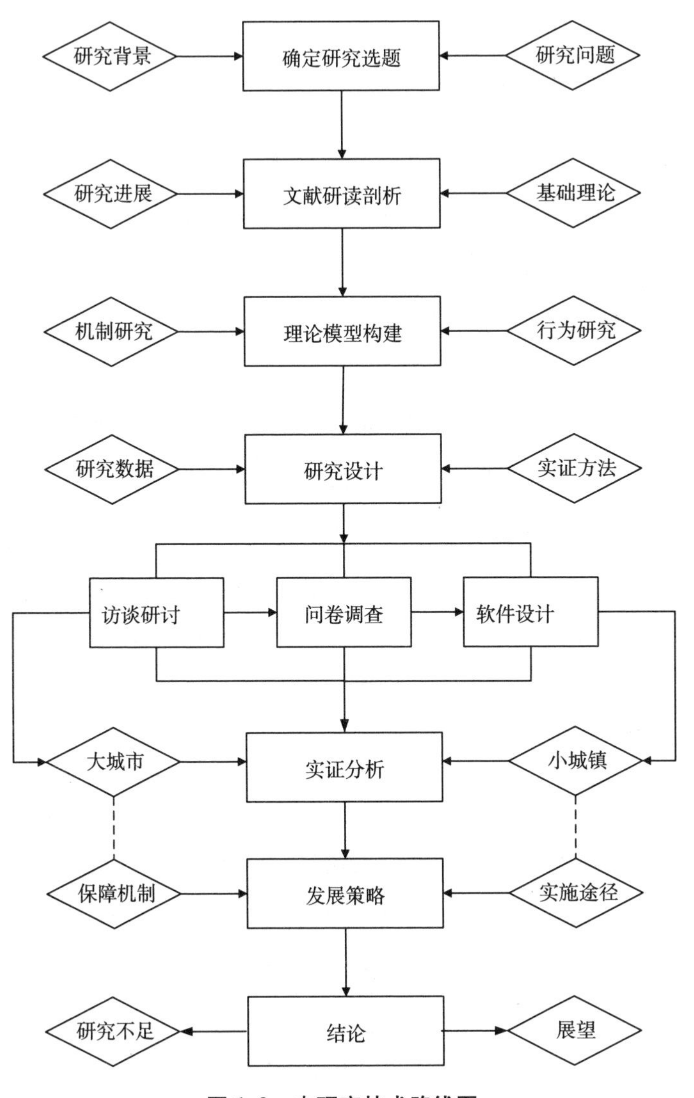

图 1.2 本研究技术路线图

第七节　研究的意义

一、理论意义

(1)关于城乡规划公众参与领域的研究多从传统的参与方式上进行分析,对于通过以信息技术特别是众包技术为代表的新型公众参与模式的研究较少,因此本研究希望通过对城乡规划领域众包模式的公众参与理论建构和案例研究弥补这一研究空白,力求为信息技术公众参与的基础性理论研究添砖加瓦。

(2)我国当前的城乡规划已经开始从居住小区作为基本规划单元转向个人行为的精确判断,首先需要对人的需求和行为加以分析和了解,行为科学和需求理论已经成为当代西方规划研究的重要理论和方法之一。因此本研究引入社会行为科学"个体行为选择"相关理论,探索公众对城乡规划众包参与的态度与认知、参与的需求与动机、参与的行为与意愿,延伸了行为科学的研究适用范围。

二、实践意义

(1)在研究设计和方法上,通过访谈研讨和问卷调查,从自上而下的政府视角和自下而上的公众视角,评估城乡规划公众参与平台的建设和使用状况,研发众包软件和系统,为政府引导组织和管理运营提供科学依据和有效路径。

(2)利用已基本普及的私人手机设备资源,利用"众包"技术动员"草根"(Grass root)力量以及时获取城镇建设管理所需信息,开发相对低成本的建设和应用平台,有助于减免信息鸿沟,缩小城乡和地域智慧服务差距。居民通过手机参与和接受服务递送,增加了管理部门与居民之间的互动沟通,拓宽了政府"服务民生、服务社会"的沟通渠道,有效减少矛盾、化解冲突、增加互信。

第二章　研究进展与基础理论

应对前文提出的研究问题和研究内容，笔者利用 Web of science、Elsevier、Taylor & Francis、中国知网、万方等中外数据库和检索工具，以"public participation""crowdsourcing""e-governance""behavior preference""公众参与""城市（城乡）规划""众包""行为选择"为题名、主题、关键词进行搜索，总共获得 200 余篇相关电子文献。文献类型涵盖研究论文（期刊、论文集、会议）、研究报告、学位论文、著作；文献作者专业背景来自法学、经济学、管理学、城乡规划学、建筑学、信息科学等多个学科；文献的内容覆盖了公众参与的理论、程序、机制、技术、行为、决策等公众参与研究领域的各个方面。

结合本研究的研究问题和研究内容，研究综述从城乡规划公众参与的理论、城乡规划公众参与的模式、众包模式、个体行为选择基础理论等几个方面进行梳理和总结；并指出前人研究的空隙及对本研究的启示。

第一节　城乡规划公众参与理论研究进展

一、国外城乡规划公众参与理论

伴随着社会经济条件的变迁与公民权利的不断提升，公众参与一直以来便是城乡规划实现终极目标并通往理想王国的有力武器和必经之路①。从古至今,城乡规划作为古代帝王及占星术士的权利,发展到当今享有立法保障的法定程序,经历了无数的斗争与探索。城乡规划中的公众参与自20世纪中叶已成为西方社会中城市规划发展的重要内容,同时也是此后城市规划进一步发展的动力②。随着社会经济的发展、社会科学理论的完善和公众参与的不断推进,在新的历史条件和已经建立的公众参与基础之上,出现了许多公众参与新的理论和方法,不仅深化了公众参与城乡规划的思想和手段,而且通过与社会经济政治体制的紧密结合推进了公众参与的不断发展。

1. 公众参与城乡规划的思想基础——多元主义

多元主义的思想不仅是当代西方政治学界的一个重要论题,也是城乡规划公众参与的思想基础。Davidoff 和 Reiner 于1962年发表的《规划的选择理论》(*A Choice Theory of Planning*)从多元主义出发来建构城市规划中公众参与的理论基础,其基本观点是规划的整个过程都充满着选择,而任何选择的作出都是以一定的价值判断为基础的,规划师不应以自己认为是正确的或错误的判断来决定社会的选择,因为这是规划师价值观的作用,而不是社会大众的判断③。规划师并不能担当这样的职责,而且这样做也不具有合法性。因此,规划的终极目标应当是扩展选择的机会。1965年,Davidoff 又发表了《规划中的倡导和多元主义》("Advocacy and Pluralism in Planning")一文,以此为理论基础建立起来的"倡导性规划(Advocacy Planning)",希望将城市社会各方面的要求、价值判断和愿望结合在一起,在不同群体之间进行充分的协商,对今后

---

① King C S, Feltey K M., "The Question of Participation: Toward Authentic Public Participation in Public Administration", *Public Administration Review*, Vol.58, No.4, 1998, pp.317-326.

② Rowe G, Frewer L J., "Public Participation Methods: A Framework for Evaluation", *Science Technology & Human Values*, Vol.25, No.1, 2000, pp.3-29.

③ Paul Davidoff, Thomas A.Reiner., "A choice theory of planning", *Journal of the American Institute of Planners*, Vol.28, No.2, 1962, pp.103-115.

各自的活动进行预先协调,最后通过一定的法律程序形成规范他们今后活动的"契约"①。Rawls(2000)认为,现代社会的多元化,特别是社会文化、价值、信仰和思想观念等方面的多元化,不仅是现代西方民主社会的基本条件,而且是现代民主社会的一个永久性特征②。在现代自由民主的社会里,人们有权利和理由选择和信奉自己认为是合理的学说或观念(宗教、哲学、道德价值),并以此制定自己的生活谋划。因此,建立最合适的基本正义观念以便在确保个人自由权利的同时保持社会的多元宽容,就成为现代民主社会的基本政治需要。Rawls(1998)发表《正义论》探讨在当代社会中如何建立"公平的正义"的理论框架,并找到了合理解释现代民主社会中文化价值的理性多元与社会秩序的稳定统一之间矛盾的新途径③。

2. 公众参与城乡规划的政治基础——市民社会

城乡规划公众参与不仅仅是行政行为,更是一种政治行为,需要一个稳定的、值得信赖的、有效的政治结构,使公众参与的健康成长具有充分的条件和有力的支撑。自20世纪80年代末开始重新兴起的有关"市民社会"的讨论为我们提供了一个很好的起点。

市民社会(或公民社会)是西方政治学中的重要概念,在众多的定义中,以"国家—市场—市民社会"三分法为基础思想的定义颇具代表性 Gordon White(2000)。他指出,"市民社会"是国家和家庭之间的一个中介性的社团领域,这一领域由与国家相分离的组织所占据,这些组织在同国家的关系上享有自主权,并由社会成员自愿结合而形成以保护或增进他们的利益或价值④。

---

① Davidof P,"Advocacy and Pluralism in Planning",*Journal of the American Institute of Planners*,1965,No.31,pp.331-338.

② Rawls,John:《正义论》,何怀宏等译,中国社会科学出版社1998年版。

③ Rawls,John:《政治自由主义》,万俊人译,译林出版社2000年版。

④ Giddens,Anthony:《第三条道路:社会民主主义的复兴》,郑戈等译,北京大学出版社、三联书店2000年版。

市民社会的再兴起充分反映了市民权利意识的重新苏醒，争取市民权利主要反映在对三部分紧密相关内容的争取上：发言权、有差异的权利和人类发展的权利。

与市民社会讨论相呼应的是"第三条道路"（the Third Way）政治口号的提出，主张确立能够团结各种政治力量的新政治中心，立足于多元化思想的观点，使更多的利益集团的要求都涵盖进来，扩大制度的包容度，建立起一种合作包容型的新社会关系，使每个人、每个团体都参与到社会之中，培养共同体精神。同时 Friedmann（1998）主张由政府管治型向治理型转变，依靠市民社会的迅速兴起，对政治力量的滥用起到制衡作用，从而把市民社会与国家协调在一起①。

3. 公众参与城乡规划的方法论基础——交往理论

德国著名思想家 Habermas（1994）的交往理论为公众参与提供了重要的方法论基础②。他在著作《交往行动理论》中提出了一种交往理性——即主张在生活世界中通过对话交流、交往和沟通，人们之间相互理解、相互宽容，就能够在思想上达到一致；在行动上友好合作，就能够实现启蒙的理想，即以自由、平等、宽容这三种价值为基础的公民理想。

交往理论的核心是在多元主义的思想前提下，寻求一种"政府—公众—开发商—规划师"的多边合作模式。它的倡导者将交往规划的目标定位为规划行为的民主化，提倡在规划实践中实现此前一直被排除在规划过程之外的对社区表达的授权、不同形式的申诉和对价值体系的尊重等③。在实际操作层面上，交往型规划将城市理解为由众多利益相关的个体构成的社会共同体，

---

① Friedmann，John，Douglass，Mike.，"1998. Editors' Introduction." In Mike Douglass & John Friedmann，eds.，*Cities For Citiens*，West Sussex：John Wiley & Sons.

② Habermas，Jurgen：《交往行动理论》，洪佩郁等译，重庆出版社 1994 年版。

③ Innes J E.，"Information in Communicative Planning"，*American Planning Association*，Vol. 64，No.1，1999，pp.52-63.

规划便是一个博弈的过程，而所谓"合意"就是共同体成员通过各自的策略选择达到的一个均衡结果，它不是最优化结果而是满足化结果①。参与规划决策的各方形成一种相互沟通、相互理解、相互合作的关系，共同讨论决定规划的议题、方向和策略②。合作规划改变了单一、专制的规划主体模式，鼓励包容、重视多元价值、权力让渡。它通过强调规划程序性的一面使得规划更加合法，更加易于公众接受，有效避免了城市开发过程中的社会冲突。在这样的过程中，规划师不再是站在中立的立场上对城市的未来发展进行筹划，而是直接融入社会的互动过程之中，他们既在竞争的团体之间充当调停者，同时自己又往往作为某种利益团体而参与到协商之中（见表2.1）。

表2.1　理性主义规划与交往型规划的比较

	理性主义规划	交往型规划
规划主体	主体—客体	主体—主体
理性类别	工具理性	交往理性
规划性格	指令性描述	交往职责
规划过程	封闭的直线型 目标—手段—行动间明确分离	公开的尝试错误型 目标—手段—行动间无清晰界限
规划本质	最优化行动计划	满足化行动计划
规划目标	问题解决，普遍化的人间需求	环境学习，特定地域的市民利益
规划依据	科学原理，分析和统计数据	相互理解与合意
分析模式	效率，竞争	公共选择理论，对话的有效性条件
方法论前提	外在的观察者，价值中立者	内在的参与者

① Healey Patsy, "Collaborative Planning in a Stakeholder Society", *Town Planning Review*, Vol. 69, No.1, 1998, pp.1-22.

② Chompunth C, "An Evaluation of the Public Participation Practice in Environmental Development Projects in Thailand: A Case Study of the Hin Krut Power Plant Project", *American Journal of Applied Sciences*, Vol.9, No.6, 2011, pp.865-873.

续表

	理性主义规划	交往型规划
控制媒介	非语言(权力,货币)	语言
知识系统	一元的科学技术知识	科学,生活经验,文化历史等多元的综合知识
规划结果	知的(技术性)资本	知的资本,社会资本,政治资本:行政,市民,专家间的水平交流,多元公共圈的创造
运作方向	自上而下	自下而上+自上而下
规划者职责	为决策者提供依据,精英模式	直接参与决策

(资料来源:作者根据文献整理,Habermas,Jurgen:《交往行为理论》,洪佩郁等译,重庆出版社 1994 年版;龙元:《交往型规划与公众参与》,《城市规划》2004 年第 1 期)

二、国内城乡规划公众参与理论

我国公众参与理论主要由国外引进。进入 20 世纪 90 年代以后,公众参与被视为我国的城市规划为适应社会主义市场经济而做的转变,逐步引起规划界的重视。

由于公众参与程序是一个外来的概念,对域外理论和制度实践的介绍自然成为研究的起点,也是研究的重点。因此,国内公众参与研究首先对域外公众参与程序基础理论进行了引介,并在此基础上介绍了国外公众参与制度的现状及其制度形成的轨迹和具体技术,又提出改进我国公众参与现状的建议。然而由于我国的规划实践长期以来都缺乏公众参与的程序,规划界对引入公众参与持观望态度。为此学者从多种角度突出强调其必要性,包括公众参与对城市规划的积极影响、公众参与规划是市场经济体制改革以及城乡规划的公共政策属性的要求等。然而针对如何推进中国城市规划中的公众参与活动这一课题,学者给出了两种不同的意见:一种方法是在比照国外经验的基础上,总结我国规划中公众参与活动存在问题,然后给出建议(这类的研究占了很大一部分);另一种方法则是在总结公众参与个案得失的基础上提出针对性的建议(梁鹤年[1],1999;罗小龙、张京祥[2],2001;孙施文[3],2004;吴志强[4],2005;戚冬瑾和周剑云[5],2005;赵民、刘婧[6],2010;王鹏[7],2014;刘于琪、刘晔、李志刚[8],2017;杨晓春、毛其智、高文秀等[9],2019;李琳、陈泳[10],2021;孔宇、甄峰、常恩予等[11],2024)。

三、参与式规划理论

受到多元化思想的影响,20 世纪 60 年代欧美社会中的大多数学者开始对精英所主导的城市规划进行反思,并且强调规划的自觉反省,要求城市规划改变高高在上的姿态,逐渐走向公众,满足公众在城市规划中的利益,即由以前强调规划的技术性,转向社会协作和规划服务的领域。这种观点更加强调规划的过程性和平等原则以及规划交流的过程(Communicative processes),并开始尝试在社区中尽可能多地实现这种参与式的民主[12]。"参与"对于空间生

---

① 梁鹤年:《公众(市民)参与:北美的经验与教训》,《城市规划》1999 年第 5 期。

② 罗小龙、张京祥:《管治理念与中国城市规划的公众参与》,《城市规划学刊》2001 年第 2 期。

③ 孙施文、殷悦:《西方城市规划中公众参与的理论基础及其发展》,《国际城市规划》2009 年第 S1 期。

④ 吴志强、吴承照:《城市旅游规划原理》,中国建筑工业出版社 2005 年版。

⑤ 戚冬瑾、周剑云:《透视城市规划中的公众参与——从两个城市规划公众参与案例谈起》,《城市规划》2005 年第 7 期。

⑥ 赵民、刘婧:《城市规划中"公众参与"的社会诉求与制度保障——厦门市"PX 项目"事件引发的讨论》,《城市规划学刊》2010 年第 3 期。

⑦ 王鹏:《新媒体与城市规划公众参与》,《上海城市规划》2014 年第 5 期。

⑧ 刘于琪、刘晔、李志刚:《居民归属感、邻里交往和社区参与的机制分析——以广州市城中村改造为例》,《城市规划》2017 年第 9 期。

⑨ 杨晓春、毛其智、高文秀等:《第三方专业力量助力城市更新公众参与的思考——以湖北更新为例》,《城市规划》2019 年第 6 期。

⑩ 李琳、陈泳:《空间正义视角下城市更新中的公众参与和空间重构》,《住宅科技》2021 年第 2 期。

⑪ 孔宇、甄峰、常恩予等:《建成环境对居民社区参与的影响机制分析——以南京市为例》,《人文地理》2024 年第 1 期。

⑫ Mackay D M,"Formal analysis of communicative processes",*R.A.Hinde*,1972.

产过程中的基本意义而言,是突破现代专业化社会生产和消费的距离和疏离,弥补与专业训练或知识层面上的不足,是质疑现代社会中所谓专业者的权威及其运作的正当性和合理性①。参与式规划设计专业改革的基本原则是改变专业者与使用者在空间生产过程中的关系,认为使用者参与不仅是较平等的设计关系,更是良好环境生产的基本条件,这是设计程序的基本逻辑,也是唯一可以突破专业困境的方向②。图 2.1 总结了传统程序理性规划与参与式规划设计的各自特点。

	传统程序理性规划
价值观	科学理性、发展
存有论	唯物主义
认识论	实证主义
目的取向	解决问题,追求人类进步发展
主导力量	技术官僚与专业精英主导空间生产
专业者角色	主导者
着重点	目标导向与发展导向
操作方式	针对项目时程安排为主

相互结合 ⟺

	参与式规划设计
	参与
	唯物主义
实证主义	批判实在论
了解需求,或解释某一现象,为未来的发展提供参考依据	1. 为追求"好"的空间生产过程 2. 弥补专业分工,搭接专业者和在地知识的桥梁,促成主体性建构
技术官僚与专业精英主导空间生产	反对专业垄断,在地知识参与空间生产
主导者,亦可多种角色	坚持核心价值,多种角色或者没有定着
目标导向	空间生产的动态过程,而非一个既定结果
针对项目时程安排或研究计划为主	针对社会议题形成议程,根据议程采取参与的方式非项目时程所控

图 2.1　传统程序理性规划与参与式规划的比较

(资料来源:作者根据参考文献整理)

参与式规划有明确的组织机构,一般由非政府、非商业单位承担,以此协调和综合安排活动的进度和组织方式等。组织机构需确立利益相关者,即对利益者的价值观和目标进行评估。不同的利益相关者之间存在意见重叠和差

① 袁韶华、雷灵琰、翟鸣元:《城市规划中公众参与理论的文献综述》,《经济师》2010 年第 3 期。

② Hall H.,"S cenarios for Europe's Cities",*Futures*,Vol.18,No.1,1986,pp.2-8.

异，都会对未来产生不同的预期。在组织设计过程中，需识别各利益相关者，从而能代表不同的意见和观点、不同种族或民族及地域群体、不同学科及行业、不同文化等。为了确保利益相关者在情景规划中形成规划预期，还应该谨慎选择具有包容性、可信的代表者和领导者。参与式规划召集这些利益相关者，创造了对话的机会，使他们之间形成联系，并为今后的行动提供便利。但参与式规划的目的不是消除不同利益间的矛盾，而是提供协商平台，促使各方整合出一个合理的对未来的预期。

参与式规划的目标是通过利益相关者所提出的情景和干预手段，达成一个对未来发展的期望。情景规划更多强调的是规划的过程性，而不是追求一个准确的规划结果。它的规划结果应该是对未来的多个预期，是一种对规划方案探讨的形式，主要目的在于促进多个利益群体从对方的角度思考，相互理解各方的规划出发点，采用 Index、TRANUS 等指标分析软件，量化不同规划方案在环境、交通、就业、可负担住房等方面存在的优劣势，为后期的规划制定提供发展思路和借鉴。

参与式规划可采用较为有趣的参与方式并提供良好的讨论和引导环境，以强化情景规划过程的合理性和参与性。例如，在有些情景规划活动中，每个小组的参与者分别围坐在一幅区域地图周边，地图上通过颜色编码来表示现有的人口和就业密度、主要公路、地铁和通勤铁路线和车站、公园及其他自然保育区。

参与式规划大大强化了公众、利益集团、规划师和政府之间的对话关系。这些团体的协调与协商为规划发展和政府决策的制定提出了多种可能性，能有效地预测城市未来发展可能存在的情景，从而充分扩充了规划师以及规划决策者对于城市发展的视野。参与的组织形式决定了参与的普遍性和有效性：通过将第一阶段的普遍参与和第二阶段的技术分析分解开来，参与式规划可全面贯彻公众普遍参与、技术人员进行有效分析的不同层次体系。参与方式可以实现公众既可担当决策角色参与到城市宏观性规划（城市总体规划、区域规划、战略规划）和详细规划中，也可作为利害关系人的身份参与到社区更新及详细规划当中。总之，参与的方式需保证公众获得与规划师和决策者进行对话、协调的机会。在协调过程中，公众对所在城市和区域问题的理解可以为规划师带来更宏观的视角和更多的认识，从而创造规划师和利益相关者之间共同期望的可持续、理想化的未来图景。参与式规划促进利益团体间的理解。由于多个利益相关者之间、政府决策部门之间存在着相互博弈，参与式规划可为各部门理解对方的规划思路和角度提供平台。这种参与行为，可增进各利益方对其他方观点、各部门对所在区域和地区问题的不同角度的认识和理解。

虽然参与式规划可以有效促进不同权利和财富团体的参与机会，但是还需要尽力消除公众参与中存在的障碍，以避免出现“狭义的参与”，即仅仅只有精英，或者部分有话语权的公民的参与。

第二节　城乡规划公众参与模式研究进展

一、我国城乡规划公众参与的发展历程

我国地方政府城市规划公众参与从公众参与度来看，大致经历了四个阶段。

第一阶段：新中国成立至党的十一届三中全会以前。城市规划的实施管理模式全部效仿苏联模式，城市规划作为国家机密，实行“自上而下”的管理，公众对城市规划没有了解的途径和渠道，也没有任何形式的参与。

第二阶段：1978 年底至 1990 年 3 月。1984 年《中华人民共和国城市规划条例》颁布标志着城市规划进入法律法规的制定阶段，城市规划许可、规划执法走入依法治理阶段，但总体仍处于政府单方面的管理行为。

第三阶段：1990 年 4 月至 2007 年年底，《城市规划法》颁布施行。《城市

规划法》的颁布施行，规定城市规划应当予以公示，标志着我国城市规划公众参与进入全新的发展阶段。我国城市规划实施过程中的公众参与得到有效发展。

第四阶段：2008 年 1 月 1 日至今，《城乡规划法》开始实施。随着《城乡规划法》的颁布实施，城市规划公众参与进入了一个全新的阶段，《城乡规划法》强调了规划制定、实施全过程的公众参与。强调公众利益，保证公平、公正；强调了城乡规划制定、实施全过程的公众参与。

二、法定阶段的城乡规划公众参与内容

2008 年开始实施的《城乡规划法》和 2006 年开始实施的《城市规划编制办法》是目前我国城乡规划公众参与的直接法律依据和保障，分别从制定、实施、评估、修改和监督检查五个阶段对城乡规划（城市规划）公众参与作出了规定和要求。

在规划制定阶段，《城乡规划法》要求：省域城镇体系规划和城市、县的总体规划在报上级政府审批前需经过本级人大常委会审议，审议意见交由本级政府处理。镇总体规划在报送上级政府审批前应当先经过镇人大审议，审议意见交由本级政府处理。乡规划和村庄规划应尊重村民意愿，其中村庄规划在报送审批前应经过村民（代表）会议同意。

在实施阶段，《城乡规划法》提出城乡规划的组织实施应当尊重群众意愿的要求。在评估阶段，同样应征求公众意见，可采取的方式有论证会、听证会或其他方式，并将上述意见的征求情况作为评估报告成果的一部分一同公布。

在修改阶段，《城乡规划法》的相关规定大致是：省域城镇体系规划、城市总体规划、镇总体规划的修改，应采取论证会、听证会或者其他方式征求公众意见。对详细规划或者建设工程设计方案的总平面图的修改，应征询涉及的利害关系人的意见，采用的方式为听证会。对于依法变更后的规划条件，主管部门应及时向社会公布。

在监督检查阶段,《城乡规划法》要求,首先,城乡规划的组织编制机关应及时公布依法批准的城乡规划。其次,对于涉及自身利害关系的建设行为,任何单位和个人都有权查询其是否符合现有规划的要求,也有权对违反现有规划的行为进行检举或控告。作为城乡规划主管部门,应当公开对城乡规划实施的监督检查情况和对违反城乡规划的建设活动的处理结果,供公众监督和查阅。

三、城乡规划公众参与的渠道与方式

(1)参与公示方式。公示制度能够有效地保证公众的知情权、参与权和监督权,使规划方案更加民主科学。政府一般采取批前和批后公示的制度,往往通过电视、网站、报纸、建设项目施工现场公示等多种形式进行发布,激发社会公众广泛参与,并提出建议和意见,有助于规划部门形成翔实有效的城市规划调查报告。

(2)参与听证方式。政府一般要定期举办由规划设计专家、政府相关领导及市民代表组成的规划动员会、规划座谈会、规划方案汇报会、规划研讨会以及规划评审会等,公众要参与听证,对规划内容中涉及的城市社会效益、环境效益、经济效益和规划可行性等进行广泛参与意见和建议。

(3)参与城乡规划专家咨询、论证和评审方式。一般由城市规划行政主管部门牵头,召集有关行业专家、学者等,公众要参与其中,并充分发表意见,与其共同进行论证和评审。

(4)城乡规划公众征询方式。政府针对城市规划涉及的公共服务设施、重大基础设施、重大环境影响等项目,一般要通过多渠道、多种媒体方式广泛征求社会公众意见和建议,便于规划部门修改和完善规划方案。

(5)城乡规划展览系统方式。政府征求公众参与意见还可以通过建设城市规划展览馆或在城市展馆中设置城市规划展区的形式来实现。展区可以通过电视专题片、沙盘模型、实景照片、效果图等形式对社会展示,社会各界群众要广泛参与意见和建议,便于修改和完善规划方案。

(6)城乡规划授权式的参与方式。授权型参与方式中公众的权利在所有的参与方式中应该是最高的。在这种方式框架下,除了政府给出限定的规划条件和要求外,其他过程都由公众自己完成。

(7)其他参与方式。广大民众还可以通过市长热线电话、公众接待日、人民建议征集制度等,将自己的建议或意见反映给政府有关部门。

四、传统公众参与方式的缺陷

传统公众参与的缺陷主要体现在以下几个方面:

(1)由于居民时间、空间等情境因素的限制,无法实现真正的全民参与。

传统公众参与往往通过会议、访谈等形式展开,而会议时间很容易和居民的工作时间相互冲突,会议地点对部分居住较远的居民尤其是老人、残疾人士为主的没有私人交通方式的市民可达性较弱。

(2)由于传统公众参与往往通过面对面的交流形式,因为政治身份以及舆论导向的影响,市民可能会认为自己的想法并无用武之地。

(3)此外,由于公众听证会的媒介限制,市民往往只能通过表格等简单方法参与讨论,不会提出有效的方案。

这些限制导致了传统公众参与得不全面、不高效、不公正。而有效的公众参与需要更广泛、更多样性。因此,我们急需构建一种全新的公众参与模式来有效解决问题。

五、在线公众参与模式与特征

随着计算机和互联网技术的发展,信息技术得以日益普及与应用,为公众参与和城市规划行业提供了有力支撑,同时也为规划公众参与带来了新的应用思路和解决途径①。

① 吴一洲、陈前虎:《大数据时代城乡规划决策理念及应用途径》,《规划师》2014年第8期。

在线公众参与是指公民或利益团体在互联网环境中通过网络选举、网络投票、网络对话和讨论等一系列参与行为①。在线参与具有三个特点:参与的广泛性、即时性和亲近性②,其主要形式和媒介包括:网站、论坛、电子邮件、手机媒体等③。

在线公众参与目前在城乡规划领域主要应用模式有以下几种:

一是基于 LBSN(Location-based Social Network)的规划公众参与平台。LBSN 是基于位置的社交网络,是虚拟社交与真实空间的有机结合(Li④,2009),具体可以表现为针对兴趣点(POI)的签到、评论、上传信息和其他在线互动方式⑤。

二是基于居民行为活动数据的挖掘。居民行为活动现象本身就代表了规划实施效果与需求。通过分析居民行为活动数据与城市物质空间的匹配度,来获得公众如何使用城市物质空间的实际整体图景,深入理解居民对城市物质空间的适应程度,以了解公众需求,为城市物质空间的优化提供技术支撑⑥。

三是基于公众评价数据的挖掘。针对微博、社交平台、规划公众参与平台等网络平台上的公众评价数据,通过语义网络、文本挖掘等技术,获取居民对城市空间的关注度和关注内容,识别居民在不同地点和场所的情绪和感受,以

---

① 郭芳:《公众网络参与的社会价值——以青岛网络在线问政为例》,《青岛职业技术学院学报》2012 年第 1 期。

② 王森:《城乡规划视角下大数据应用进展研究及其对上海 2040 总规编制的启示》,《上海城市规划》2014 年第 5 期。

③ 何贤国、孙国道、高家全等:《出租车 GPS 大数据的道路行车可视分析》,《计算机辅助设计与图形学学报》2014 年第 12 期。

④ Li N,Chen G.,"Analysis of a Location-Based Social Network",*International Conference on Computational Science and Engineering*,2009,pp.263-270.

⑤ 王鹏、袁晓辉、李苗裔:《面向城市规划编制的大数据类型及应用方式研究》,《规划师》2014 年第 8 期。

⑥ 龙瀛、刘行健、周江评、柴彦威等:《北京的公交极端出行者:他们为何早起,为何游荡》,王昀整理,澎湃新闻,2016 年 4 月 3 日。

此反馈并指导城市空间质量的提升①。

四是基于公众参与式地理信息系统(Public Participation GIS,简称PPGIS)的公众参与模式。PPGIS是一种面向公众应用的GIS,其强调将专业的地理信息分析与制图工具以人性化的方式提供给普通公众②,使其参与到地理信息系统的使用与开发中来,满足公众地理信息需求③,目前已在欧美地区广泛地用于城市规划、生态环境建设规划、社区建设④、一般公共事务的辅助决策⑤等领域。

第三节　众包模式研究进展

一、众包模式的类型

随着互联网的普及、信息技术的发展以及个性消费者的兴起,激烈的外部竞争促使企业开始寻求新的创新生产方式,这些条件为众包的兴起提供了基础⑥。众包(Crowdsourcing)由美国记者Howe于2006年在《连线》杂志上首次提出,指的是企业或事业单位、机构乃至个人把过去由内部员工或承包商的工作任务外包给非特定(网络)社会群体解决的做法,这个任务可以是开发新技

① 张翔:《大数据时代城市规划的机遇、挑战与思辨》,《规划师》2014年第8期。

② Brown G.,"Public Participation GIS(PPGIS)for Environmental Management:Reflections on a decade of Empirical Research",*Urisa Journal*,Vol.25,No.2,2012,pp.5-16.

③ Brown G,Fagerholm N.,"Empirical PPGIS/PGIS mapping of ecosystem services:A review and evaluation",*Ecosystem Services*,2015,No.13,pp.119-133.

④ Leitner S,Catchpole C K.,"Syllable repertoire and the size of the song control system in captive canaries(Serinus canaria)",*Journal of Neurobiology*,Vol.60,No.1,2010,pp.21-27.

⑤ MordechaiHaklay,CarolinaTobÃ³n.,"Usability evaluation and PPGIS:towards a user-centred design approach",*International Journal of Geographical Information Systems*,Vol.17,No.6,2003,pp.577-592.

⑥ 张利斌、钟复平、涂慧:《众包问题研究综述》,《科技进步与对策》2012年第6期。

术、提升产品性能、完成设计任务,或者是对海量数据进行收集分析①。有别于传统 R&D(Research & Development)的基于自主研发的内生增长模式,众包以互联网为基础,通过寻求潜在智力支持,实现产品的研发升级或寻求问题解决方案。由于具有低成本生产、整合潜在生产资源、开放式创新、满足个性化需求等优势,众包已逐步应用于包括电子信息、医疗卫生、娱乐影音等诸多领域②。对政府和公益组织来说,众包也是公共领域一种极具潜力的问题解决机制。

从成果形式上来说,众包的应用主要分为 4 种类型,即创意型、决策型、解答型以及整合型众包。

创意型众包通过汇集公众的创造力和才智实现产品的创造或升级。Richard Stallman 于 1983 年发起了众包计划,通过与众多程序员的众包合作共同编写、开发了一个基于 Unix 的开放式、自由使用的操作系统 Linux。众包计划成功开发了一系列高质量免费软件,也推动了开放源代码的发展③。

决策型众包指的是企业或政府通过构建众包平台寻求公众的意见建议,来辅助决策,它往往与创意型众包协同作用④。Threadless⑤ 是典型的决策型众包和创意型众包的组合模式。平台采取用户自主设计 T 恤的方式,并通过用户投票和评分的形式选择最受欢迎的款式,随后公司从每期前 100 名的设计中挑选出 9 款投入市场。Threadless 的生产模式带来了可观的 T 恤销量,它的热潮也引发用户的主动宣传推广,进一步提升了平台的人气及影响力。

解答型众包是通过寻求外部智力资源解决政府、企业或个人提出的难题。

---

① Howe J.,"The Rise of Crowdsourcing",*Wired*,Vol.14,No.6,2006,pp.176-183.

② Yuen M C,King I,Leung K S.,"A Survey of Crowdsourcing Systems",*IEEE Third International Conference on Privacy,Security,Risk and Trust*,2012,pp.766-773.

③ Stallman R M.,"The SUPDUP Protocol",*Communications*,1983.

④ Schenk E,Guittard C.,"Towards a characterization of crowdsourcing practices",*Journal of Innovation Economics & Management*,Vol.7,No.1,2011,pp.93-107.

⑤ HoweJ.Crowdsourcing,"Why the Power of the Crowd Is Driving the Future of Business",2011.

“创新中心”(InnoCentive)通过发布企业内部难以解决的科研难题,鼓励“网络科学家”提出解决方案。包括宝洁、高露洁、杜邦在内的众多企业都曾向“创新中心”寻求帮助,这种研发模式大大增强了企业的创新研发能力。

整合型众包是通过公众,尤其是业余爱好者完成特定领域资料的采集整合。美国地质勘探局的“iCoast—Did the Coast Change?”计划通过居民采集飓风前后海岸线相同位置的照片和基本信息,对采集的数据进行整合分析,建立预测模型,探求风暴和海岸线间的相关关系,定位海岸线生态敏感区。

针对具体的众包任务,既可以采用单独的应用类型,也可以通过多类型相结合。

目前,众包已经在不同领域体现了它的价值。它的出现重构了传统创新生产模式,通过整合活用分散、闲置的公众智力资源,众包拓展了组织的创新边界①。而公众思维模式的多样性、知识的广泛性也克服了组织内部个人知识、思维方式、技术能力等方面的局限性,提升了组织和企业的研发生产能力,激发了公众的创造力②。通过“公众创造内容”的模式,众包实现了创新生产与市场需求的对接③。此外,由于众包是一种基于互联网的创新生产模式,它也降低了原有组织模式中政府企业的部分聘请专业人员成本和设立办公场所的成本④。

在城乡规划领域,相较于传统的公众参与模式,众包主要有两种模式:第一种是传统公众参与的扩大化,它是一种合作型众包,通过多样化的参与互动,让更广泛的公众参与到城市规划中,共同探讨城市建设问题和未来发展方

---

① Bayus B L.,“Crowdsourcing New Product Ideas over Time:An Analysis of the Dell IdeaStorm Community”,*Social Science Electronic Publishing*,Vol.59,No.1,2013,pp.226-244.

② Afuah A,Tucci C L.,“Crowdsourcing As A Solution To Distant Search”,*Academy of Management Review*,Vol.37,No.3,2012,pp.355-375.

③ Renee Sieber.,“Public Participation Geographic Information Systems:A Literature Review and Framework”,*Annals of the Association of American Geographers*,Vol.96,No.3,2010,pp.491-507.

④ Habibi M,Popescu-Belis A.,“Using crowdsourcing to compare document recommendation strategies for conversations”,*Journal of the American Chemical Society*,Vol.56,No.3,2012,pp.658-666.

向，实现规划管理社会化①；第二种是竞赛型众包，即通过公众进行规划方案的设计或改进，从中选取优胜者并予以奖励的形式，拓展了公众参与城市规划的方式和深度。

二、众包模式的优势

近年来，众包模式已从商业模式成功转型，向社会公共领域蔓延，并在城市规划与管理领域有了创新性的应用。众包模式在城乡规划领域的应用，使得业界一直倡导的“公众参与”有了新的技术手段和实现方法。

相较传统的公众参与规划方式，众包模式在提高公众参与城市规划管理方面有着很大的优势有了质的飞跃，通过自上而下和自下而上两种模式的结合，聚合集体智能，实现开放式规划，不仅丰富了创新源，也调动了市民对规划建设的积极性，加深了市民对城市现状、规划背景、发展方向的了解，提高了市民对城市及规划的认同感，甚至让市民主动参与规划方案设计。具体如下：

（1）参与时间不受限制，打破了参与者时空界限，使他们可以在任意时间段通过网络直接参与。

（2）参与的地点不受限制，由于网络操作更便捷，居民在家甚至办公室等地就可以直接在线参与。

（3）参与的人群不受限制，由于众包平台是一个开放的网络平台，世界各地对项目感兴趣的人群都可以参与进来，因而大大提升了参与人员的多样性。

（4）参与形式更多样化，不仅仅是投票或者是当众提意见，还有在线论坛、会议、讨论等不同形式。

（5）参与媒介多样化，电脑、Pad 等移动终端使得参与工具更为便捷。

（6）充分调动市民参与热情，不同职业、性别、年龄对同一项目的关注度

---

① Ethan Seltzer, Dillon Mahmoudi.,“Citizen Participation, Open Innovation and Crowdsourcing: Challenges and Opportunities for Planning”, *Journal of Planning Literature*, 2012.

以及兴趣有所不同,众包模式中市民可以通过选择自己感兴趣的方式参与。

(7)脱离面对面的政治感染性氛围,让参与者有更多时间进行独立思考,更有利于发挥集体智能优势,避免了传统面对面参与的煽动性及政治性言论导向对公众的影响。

(8)孕育本土化创意型解决方案。地区文化孕育了居民对当地问题独特的理解及判断力,这种考虑地区独特条件和需求的思维模式往往能创造出具有地区适宜性的优异解决方案,然而传统自上而下的公众参与模式很难真正采纳公众的意见。

(9)在线网络参与的方式减少了出行需求,相对而言更为低碳环保。

三、众包在城乡规划领域的应用案例

目前世界范围内已有不少智慧城市建设采取众包模式的应用案例,应对市政故障、交通拥堵、突发自然灾害、生态环境威胁、历史风貌建筑缺失等问题(见表2.2)。

表2.2　众包模式在智慧城市建设中的应用案例

目标	案例	解决问题
应对市政突发故障,提升基础设施维修和改造能力	波士顿手机应用 Street Bump 用于实时记录行车途中的状况推出,方便市政部门及时发现并修复道路故障①	市政故障
减少交通拥堵,方便市民出行,提高停车位的使用效率	伦敦基于开放数据众包开发了450多款交通相关手机应用②;阿姆斯特丹与手机应用 MobyPark 合作,市民可及时查看停车位信息并预订③	交通拥堵、停车难
提高促进弹性城市应对极端气候能力	印尼雅加达利用社会媒体的力量,收集整理并提供可视化的实时洪水信息④	突发自然灾害

① Street Bump,2015.

② London Smart City Plan,2015.

③ Slim verkeersmanagement,2015.

④ ETAJakarta,2015.

续表

目标	案例	解决问题
提高环境检测能力	美国利用众源地理信息来监测一种树木疾病，准确掌握感染树木的空间分布①	生态环境威胁
保护历史文化遗产和文化价值暂时不明的风貌建筑	"一天建成罗马斗兽场②"，通过互联网网站上照片分享搜索出的给定建筑的照片，可以重建出 3D 场景	历史风貌建筑缺失

（资料来源：作者根据参考文献整理）

案例一：盐湖城公交站点设计项目

在美国联邦交通管理局的授权和资助下，盐湖城在 2008—2009 年通过众包模式对该地区公交站进行了规划设计。该项目以建立交互式的众包网站（www.NextStopDesign.com）为基础，营造一个可以自由进入的免费网络社区。政府通过在网站首页发布任务、提出发展目标，鼓励用户积极参与。用户注册网站后，即拥有提交站点设计方案和为其他设计评分的权限。

盐湖城公交站点设计项目是针对社区层面居民通过网络参与规划设计模式的一种全新尝试。选择让居民作为项目的主体主要基于以下几个方面的考虑：（1）公交站点与居民休戚相关，他们更了解公众对公交站的功能需求，并且乐意参与；（2）站点的人性化设计必须考虑当地特殊的气候以及环境条件，在了解地方特色上本地居民更具优势。可以说利用众包模式对盐湖城公交站点进行设计是众包在规划建筑领域应用的一个初步探索。

由于 Web2.0 的基本功能，网页设计中会附加一个分析脚本，他能追踪来访者的访问信息来源以及空间信息等，仅项目管理团队有权限查看，并且管理

① Connors J P, Lei S, Kelly M., "Citizen Science in the Age of Neogeography: Utilizing Volunteered Geographic Information for Environmental Monitoring", *Annals of Association of American Geographer*, Vol.102, No.6, 2012, pp.1267-1289.

② Agarwal, S., Y.Furukawa, N.Snavely, I.Simon, B.Curless, S.M.Seitz and R.Szeliski, "Building rome in a day", *Communications of the ACM*, Vol.54, No.10, 2011, pp.105-112.

员自身的浏览记录并不会影响统计数据。至 2009 年 7 月 24 日,7 周的统计记录显示有 57100 的网页浏览量以及 6892 位来访者,其中非重复访客 4654 位,平均每天有 140 位左右到访者。此外脚本还能分析来访者的网页来源、地理信息等。

该众包模式的流程主要包括:

(1)建立一个交互式的众包网站 www.NextStopDesign.com。

该网站是一个可以自由进入的免费社区,政府在网站首页提出问题和发展目标,在此基础上希望用户能提出解决办法。

网站设计采用 Web2.0 系统界面,页面设计引入交通设计元素,并采用可自主选择的互动元素、风格以及索引结构,给用户一种欢迎参与的直观感受。用户注册网站后,即拥有提交站点设计方案和为其他设计评分的权限。此外,网站还能获取访问者的访问信息、来源、时间、空间等相关信息。对于后期投票针对不同类型用户赋予不同权重值具有重要意义。

参与站点设计的用户通过网站直接提交自己的作品,提交后的作品将出现在网站的作品栏,这里不仅能查看自己提交的设计,还能看到其他人的方案。网站设有评论版供大众对作品进行评价并投票。

(2)对众包模式提交的设计作品效用进行评估。

在公众完成方案设计及投票流程后,规划管理人员对提交方案进行可行性及规范性技术评估。通过比较单独评估每个方案的可行性以及规范性。

对于规划领域众包平台的构建,由于目前的应用多由政府牵头,并不通过中介机构而是直接建立相关网站,因此,网站的建设及宣传尤为重要。在网站建设的初始阶段,相关信息的宣传十分重要,为了提高公众参与度,需要通过电视、新闻、报纸等传统媒体以及门户网站、社交网络等新兴媒体进行有效宣传。此外,众包的最终结果也将通过众包平台以及初期宣传媒体平台进行公示。

案例二:一天建成罗马城

“一天建成罗马斗兽场”的例子显示了众包在建筑动态监测和3D重建的应用(见图2.2)。通过互联网网站上照片分享搜索出的给定建筑的照片,可以重建出3D场景。这个系统集成了新颖的并行分布式匹配和重建算法,旨在最大化各个阶段的并行管道并且最小化序列化的瓶颈。已有试验结果表明:现在利用已有的15万张影像可以在一天内通过500个计算内核组成的集群来重建出一个城市来。这种方法为小城镇历史文化价值暂时不明的风貌建筑保护,提供了一种新的信息提取方法。

图2.2 “一天建成罗马斗兽场”示意图

(资料来源:http://grail.cs.washington.edu/projects/rome/)

众包模式在小城镇发展建设中也有着巨大的潜力空间。大多数小城镇存在居民点呈离散式地域分布、交通欠发达、管理和专业人员不足等现状,使用传统的遥感影像或实地调研手段进行监管活动成本高,周期长。然而,随着移动网络的提速和电子产品成本下降,智能手机等电子移动产品的使用量迅猛增加,即使在广大的乡镇依然有着较高的普及率。根据工信部发布的《通信业主要指标完成情况》显示,截至2013年底,我国移动电话普及率已突破90部/百人,移动电话总数达12.29亿户①,即使在广大的乡镇依然有着较高的

① 运行监测协调局:《2013年通信运营业统计公报》2014年1月23日。

普及率。因此可以设想，如果利用普通大众的移动终端设备，获取城镇发展建设管理和动态监测的数据，那么数据获取成本相对较低，是常规的、基于遥感和统计数据方法的有效补充。

四、众包模式的局限性

虽然众包在城市规划中的应用已经取得了一定的成功，但对众包的盲目乐观和随意使用不仅难以取得理想的成效，还有可能导致一系列城市建设问题。事实上，在城市规划领域的应用实践中，众包仍面临着诸多亟待解决的问题和挑战。

从公众层面来说，还存在着由于对众包认知不足、接受度不高以及数据安全难以保障等导致参与度不高的问题。

具体来说，虽然互联网及基本软件操作已经得到一定的普及和应用，但众包对公众仍是一个较为新颖的概念。且传统规划中规划师主导、管理者决策的模式导致公众的参与意识和城市规划基础知识薄弱，而众包则颠覆了传统规划模式，是公众主动参与规划的过程。如何提高公众对众包和城市规划的认知度，转被动为主动，积极参与到众包规划中，是众包应用于城市规划面临的首要挑战。

此外，由于众包应用往往会涉及用户的地理位置、行为数据、设计方案等个人信息及知识成果①，而我国尚且缺乏完善的众包决策、信息监管和相关法律保障，公众面临着信息公开和数据盗用的风险。如何保障公众信息安全，保护公众知识产权，提升公众参与众包的信心，也是众包在应用中亟待解决的问题。

从政府层面上来说，众包在城市规划中的应用则面临着众包任务体系的

① Zook M, Graham M, Shelton T, et al., "Volunteered Geographic Information and Crowdsourcing Disaster Relief: A Case Study of the Haitian Earthquake", *World Medical & Health Policy*, Vol.2, No.2, 2010, pp.7-33.

构建、众包平台的搭建以及数据筛选与提取等挑战。

由于城市规划部分环节的专业性较强，且公众的专业知识和技能存在差异，目前，城市规划还难以实现所有环节的全民参与。因此，如何针对不同背景、不同受教育程度、不同年龄的公众提出有针对性、可操作性强的规划任务，构建多层次、多元化的参与体系，使普通大众更广泛、更深入地参与到城市规划中，是众包实施过程中政府需要关注的首要问题。

开放和互动的众包平台作为众包任务实施的基础。其界面的吸引力、社区氛围的优劣以及参与方式的难易是影响众包参与度的重要因素①。因此，如何构建对公众具有吸引力、操作简易、社区氛围和谐的众包平台，提升潜在网络用户参与的可能性，并通过平台实现对公众的有效引导，是众包在城市规划应用中政府需要面临的挑战之一。

此外，众包任务中数据来源的多样性可能会导致数据质量参差不齐，甚至出现虚假、错误的信息。在数据处理、方案选取等阶段如何筛选、提取真实有效的数据和优秀的方案、降低劣质数据对结果造成的影响也是众包应用中政府需要解决的难题。

这些条件客观限制了众包在我国规划实践中的应用，未来还需通过更多的案例探索和理论研究进一步完善和提升众包在城市规划中的机制和效用。

五、众包参与面临的挑战

(1)数字鸿沟。数字鸿沟是指拥有网络通行能力、懂得电脑技术的市民与没有这些条件的市民之间的差异性。网络作为众包的参与前提，实际上限制了相当一部分市民的参与，并且虽然当今网络用户众多，但网民年龄结构仍以年轻人为主，众包作为一种以全民参与为目标的公众参与模式，面临着参与群众分布不均以及结构不完善的问题。

---

① Daren C. Brabham, Thomas W. Sanchez, Keith Bartholomew, "Crowdsourcing public participation in transit planning: Preliminary results from the next stop design case".

(2)构建人性化网络社区。盐湖城案例的经验表明建立一个充满生气的在线社区是众包面临的重大挑战之一。即使通过多样化的宣传也难以确保足够广泛的大众参与度,而过度活跃的社区又可能会让新成员感到难以融入。此外,网站界面的设计形式也与公众参与度息息相关。也就是说,通过众包模式来解决基础设施问题中最重要的问题就是建立一个健康、充满活力、界面人性化的网络社区。

(3)众包方案的成果模式。一般来说,众包的成果或阶段性成果必须是一般群众有能力完成的简易模式,一旦对成果的要求过于专业化或技术难度偏大,会很大程度上限制业余爱好者的参与积极性。

(4)处理不同地域的意见的可参考意义存在争议。一般来说,众包任务都有相对特定的参与人群,即项目地区居民,例如一个城镇的公园规划,城镇外的居民通过网络宣传进入众包网站共同参与,他们是否和此地居民有同样程度的发言权呢?由于网络的开放性,外来人士对地方规划的介入不可避免,一方面增加了群众智慧的多样性,另一方面成为众包公平性的一种隐患。

(5)网络环境如何应对阻力人群,特定地区的发展规划可能损害了部分人的利益,他们会阻碍规划的实施,他们可能会破坏网络社区环境以及对参与问题解决的大众进行干预。虽然有提议禁止这些破坏性分子参与众包,但这样做的缺点是降低了群众解决办法的能力和创造力,损害了众包模式本身能共同参与解决问题的公平公开性优势,如果这是一个政府出资项目,这个问题就更为严重。而这个问题的最佳解决办法是优秀软件代码设计以及对群众遵守社区规则的信任。

第四节　个体行为选择相关基础理论

一、理性行为理论

理性行为理论(Theory of Reasoned Action,TRA)又译作“理性行动理论”,

是由美国学者 Fishbein 和 Ajzen 于 1975 年提出的，主要用于分析态度如何有意识地影响个体行为，关注基于认知信息的态度形成过程，其基本假设是认为人是理性的，在作出某一行为前会综合各种信息来考虑自身行为的意义和后果①。

该理论认为个体的行为在某种程度上可以由行为意向合理地推断，而个体的行为意向又是由对行为的态度和主观准则决定的。人的行为意向是人们打算从事某一特定行为的量度，而态度是人们对从事某一目标行为所持有的正面或负面的情感，它是由对行为结果的主要信念以及对这种结果重要程度的估计所决定的。主观规范（主观准则）指的是人们认为对其有重要影响的人希望自己使用新系统的感知程度，是由个体对他人认为应该如何做的信任程度以及自己与他人意见保持一致的动机水平所决定的。这些因素结合起来，便产生了行为意向，最终导致了行为改变。

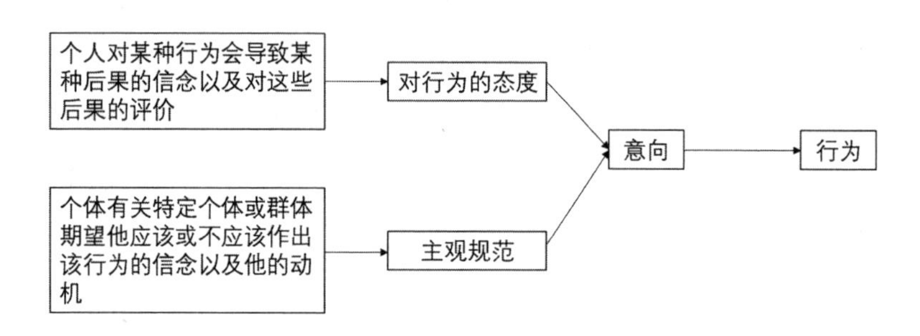

图 2.3　理性行为模型示意

（资料来源：作者根据文献绘制，Fishbein，M.，&Ajzen，I.，"Belief，Attitude，Intention and Behaviour：An Introduction to Theory and Research"，*Reading*，MA：Addison-Wesley，1975.）

二、计划行为理论

计划行为理论（Theory of Planned Behavior，TPB）是一个成熟的社会心理学模型，用于在个人可能无法控制自己的行为的情况下检查和预测人类的意

① Fishbein，M.，&Ajzen，I.，"Belief，Attitude，Intention and Behaviour：An Introduction to Theory and Research"，*Reading*，MA：Addison-Wesley，1975.

图和行为。为了预测个人是否打算做某事,研究人员需要知道:这个人是否赞成这样做?这个人感觉到社会压力多少,以及每个人是否觉得控制有关的行动。计划行为理论广泛应用于心理学、社会学、市场营销、计算机科学、健康学等领域。

计划行为理论是由 Ajzen(1985,1991)对 TRA 进行的理论扩充①,增加了一项对自我“行为控制认知”的新概念,从而发展成为新的行为理论研究模式——计划行为理论②。

计划行为理论的核心五要素如下(见图 2.4):

(1)行为态度(Attitude)是指个人对该项行为所抱持的正面或负面的感觉,亦即指由个人对此特定行为的评价经过概念化之后所形成的态度,所以态度的组成成分经常被视为个人对此行为结果的显著信念的函数。

(2)主观规范(Subjective Norm)是指个人对于是否采取某项特定行为所感受到的社会压力,亦即在预测他人的行为时,那些对个人的行为决策具有影响力的个人或团体对于个人是否采取某项特定行为所发挥的影响作用大小。

(3)知觉行为控制(Perceived Behavioral Control)是指反映个人过去的经验和预期的阻碍,当个人认为自己所掌握的资源与机会越多,所预期的阻碍越少,则对行为的知觉行为控制就越强。

(4)行为意向(Behavior Intention)是指个人对于采取某项特定行为的主观机率的判定,它反映了个人对于某一项特定行为的采行意愿。

(5)实际行为(Behavior)是指个人实际采取行动的行为。

三、合理行动理论

Eagly 等人在《社会心理学手册》(*Gilbert. D. T.*)概括出了一个基于理性行

---

① Schifter D E, Ajzen I., “Intention, perceived control, and weight loss: an application of the theory of planned behavior”, *Journal of personality and social psychology*, Vol.49, No.3, 1985, p.843.

② 段文婷、江光荣:《计划行为理论述评》,《心理科学进展》2008 年第 2 期。

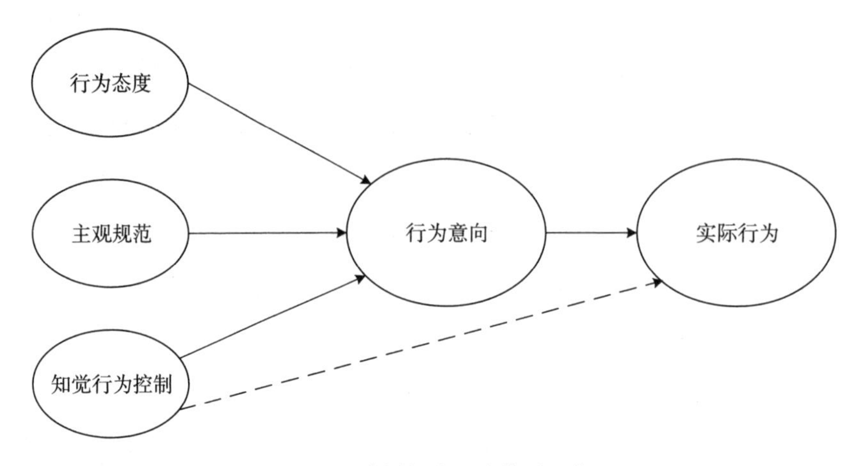

图 2.4 计划行为理论模型示意

（资料来源：作者根据文献 Schifter D E, Ajzen I.,"Intention, perceived control, and weight loss: an application of the theory of planned behavior", *Journal of personality and social psychology*, Vol.49, No.3, 1985.）

动理论的综合理性行动模型①，其中系统地列出了理性行动理论没有涉及但可能对行为发挥作用的外部因素（见图 2.5）。该理论认为作出某一特定行为的决定是通过理性思考的，在这个过程中，个体会考虑各种行为方案，评价各种结果，然后作出行动或不行动的决定。因此这个决定反映了行为的意向，而且对个体的外显行为产生强烈影响。

四、技术接受模型理论

1. 技术接受模型 TAM

1986 年由 Davis 提出的技术接受模型（也称 TAM 模型，即 Technology Acceptance Model），该模型由外部变量、感知有用性、感知易用性、行为意向和使用行为等变量组成（图 2.6），主要是用来对用户持续使用信息系统的接受程

① Eagly A.H., Chaiken S., "Attitude structure and function", *Contemporary Sociology*, Vol.19, No.4, 1998, p.625.

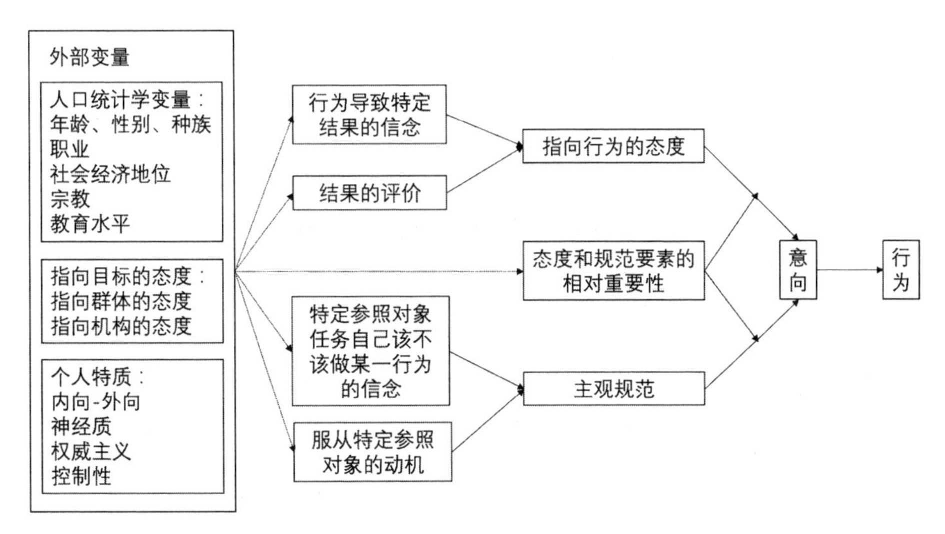

图 2.5 合理行动理论示意

（资料来源：作者根据资料绘制，Eagly A.H.，Chaiken S.，“Attitude structure and function”，*Contemporary Sociology*，Vol.19，No.4，1998，p.625.）

度进行解释和预测①。

该模型是在理性行为理论基础上，提出“感知易用性（Perceived Ease of Use）”和“感知有用性（Perceived Usefulness）”两个变量概念。其中，感知易用性主要是指用户对该信息系统的主观易用情况。感知有用性主要是指用户使用该信息系统的主观绩效提升情况。同时，Davis 认为感知有用性和感知易用性可取代“主观规范”，因此模型中将“主观规范”及其相应的影响因素“规范信念”和“依从动机”剔除。

2. TAM2

基于信息系统使用情境的变化，2000 年 Venkaesh 和 Davis 又重新对技术接受模型（TAM）进行了较大的调整，形成了 TAM2。TAM2 主要探讨的是感

① Davis，James，Adair.，“Computer control of a desulfurizer fractionator”，*Chem. Eng. Prog.*；（United States），1986，No.82，p.3.

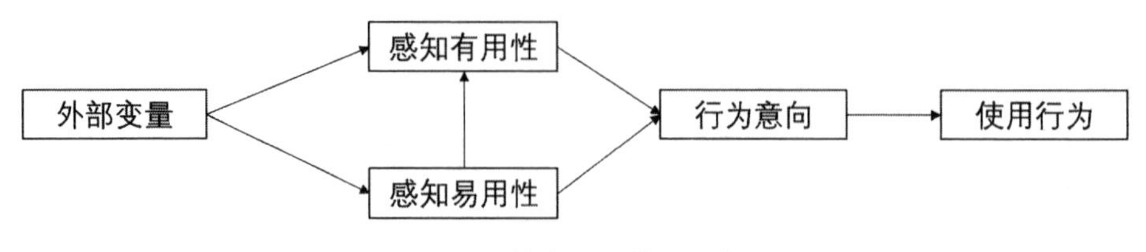

图 2.6　技术接受模型示意

（资料来源：作者根据文献绘制，Davis，James，Adair.，“Computer control of a desulfurizer fractionator”，*Chem.Eng.Prog.*；(United States)，1986，No.82，p.3.）

知有用性的影响因素。在 TAM 中，感知有用性由感知易用性和外部变量共同决定。TAM2 中则引入了“认知工具性过程（含工作相关性、产出质量和结果展示性）”和“社会影响过程（含形象、主观规范、经验和自愿性）”，它们共同作用于感知有用性。

这些个体行为选择的相关理论为本研究中城乡规划公众参与行为选择模型的建立提供了理论基础，也辅助设计公众个体城乡规划公众参与的态度、动机和意愿测度指标。

本章小结

本章主要阐述了整个研究的研究基础和相关理论。首先总结了国内外城乡规划公众参与理论的研究进展，介绍了西方公众参与城市规划的思想基础、政治基础和方法论基础；以及中国学者对公众参与的研究现状，存在研究对象不全面、研究方法不精确、研究内容不细致、研究成果和实践脱节等问题；并回顾了当前公众参与研究的理论基础——参与式规划的主要内容。随后分析了我国城乡规划公众参与模式的研究进展，包括发展历程、参与内容、参与渠道与方式以及信息技术支持下在线公众参与模式的特点。本章还详细介绍了众包参与模式的类型、优势、案例、局限性及面临的挑战。总结了个体行为选择的相关理论（理性行为理论、计划行为理论、合理行动理论、技术接受模型理论)。

通过对上述研究进展和基础理论的详细研读,发现了城乡规划公众参与研究进展中的研究缺陷,并对本研究框架和理论模型构建产生启发。

(1)在理论研究部分,基于众包模式的城乡规划公众参与理论缺失,大多数学者仅仅在研究中介绍了众包技术在城乡规划领域的应用,鲜有从宏观角度对城乡规划众包参与模式整体运行机制的研究;从公众个体的角度量化城乡规划参与行为与意愿的研究成果更是凤毛麟角。在“城乡规划”“公众参与”“众包”三者交叉重叠的研究领域基本处于空白状态,这也为本研究提供了新的视角和理论创新点。

(2)在案例研究部分,不同学科的学者分别从不同视角出发,展开公众参与案例研究与探讨,研究对象涵盖城市群、大城市、特殊地域(如西部)及专项建筑技术,但专门针对小城镇规划管理公众参与的研究成果较少。然而小城镇这一重要经济实体的存在对整个社会经济发展和新型城镇化的建设具有重要的推动作用。这也为本研究在案例范围选择上提供了新的视角和关注点。

第三章　理论模型框架构建

通过对上述研究进展的总结分析，应对研究问题和研究缺陷，本研究引入众包模式，从城乡规划公众参与的组织方和参与方两个视角，研究“自上而下”基于政府主导视角的城乡规划众包参与的机制，以及“自下而上”基于公众视角的参与行为选择理论模型。

第一节　基于政府主导视角的城乡规划众包参与机制构建

关于公众参与机制的构建，不少研究从参与的不同维度进行诠释。除了石路提出的单维度公众参与机制——政府公开机制、公众舆论机制、民意表达机制[1]，更多的学者提出基于多维度的公众参与机制构建，大多集中在以下几个方面：俞可平（2007）提出的参与主体、参与领域和参与渠道[2]；任丙强（2011）提出的参与者、参与手段和参与效果[3]；王春雷（2010）提出的参与主

① 石路：《政府公共决策与公民参与》，社会科学文献出版社 2008 年版。

② 俞可平：《公民参与民主政治的意义》，《青海人大》2007 年第 1 期。

③ 任丙强：《环境领域的公众参与：一种类型学的分析框架》，《江苏行政学院学报》2011 年第 3 期。

体、参与范围、参与途径以及参与制度①;王锡锌(2008)、陈昕(2010)提出的参与主体、参与内容、参与方式、参与效果②③;陈振宇(2009)提出的参与事项、参与主体、参与方式、参与效力④;王京传(2013)提出的参与主体、参与客体、参与方式、参与过程、参与层次、参与结果⑤。

基于众包模式的城乡规划公众参与是一种信息时代新形式的公众参与,涉及城乡规划领域的各类主体和各种层次,在本研究中,主要从城乡规划众包参与的主体与对象、参与的内容与范围、参与的方式与平台、参与的层次与效力、参与的过程与结果等方面进行机制构建(见图 3.1),具体解决谁参与、参与什么、以什么方式参与、何种程度参与、如何实施参与、如何评估参与等相应的问题。

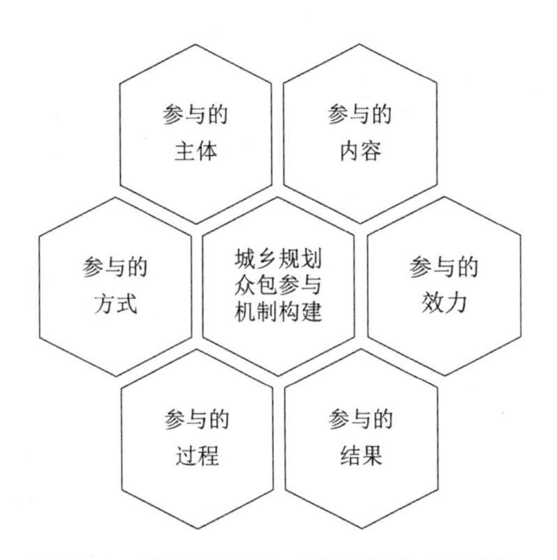

图 3.1　城乡规划众包参与机制构建示意图

(资料来源:作者绘制)

---

① 王春雷:《基于有效管理模型的重大活动公众参与研究——以 2010 年上海世博会为例》,同济大学出版社 2010 年版。

② 王锡锌:《行政过程中公众参与的制度实践》,中国法制出版社 2008 年版。

③ 陈昕:《基于有效管理模型的环境影响评价公众参与有效性研究》,吉林大学学位论文,2010 年。

④ 陈振宇:《城市规划中的公众参与程序研究》,法律出版社 2009 年版。

⑤ 王京传:《旅游目的地治理中的公众参与机制研究》,南开大学学位论文,2013 年。

一、城乡规划众包参与的主体与对象

对公众参与主体的确定和筛选,专家们给出了多种选择方法。Willeke(1974)认为确定相关公众有三个途径:自我选择、工作人员选择和第三方选择[①]。自我选择包括那些通过座谈会、听证会、主动写信的方式来选定他们自己;工作人员选择主要指由专业技术人员来选定公众,如通过地理人口统计学或历史分析;第三方选择的方法是向感兴趣的团体成员和代表询问哪些人能够或应该参与进来。Aggens(1983)提出了另一种公众分类方法,主要基于两个因素:一是公众参与解决这个问题的时间、兴趣和精力的不同;二是机构参与的资金和资源数量。Aggens并提出了公众同心圆模型,从圆圈外围到内心按照参与强度依次将公众划分为漠然者、观察者、关注者、建议者、创建者和决策者。Creighton(1983)研究了确定受影响公众的一系列因素:地理位置、经济条件、用途、社会文化、价值观念等。Rietbergen和Narayan(1998)描述了一个管理者通过5个问题的回答来确定公众的范围[②]:(1)谁是潜在的受益者?(2)谁可能受到负面的影响?(3)是否确定了弱势群体?(4)是否确定了支持者和反对者?(5)管理者之间的联系是什么?

众包模式的公众参与,重构了传统创新生产模式,通过整合活用分散、闲置的公众智力资源,众包拓展了组织的创新边界[③];而公众思维模式的多样性、知识的广泛性也克服了组织内部个人知识、思维方式、技术能力等方面的

---

① Willeke G E.,"Citizen participation: here to stay", *Civil Engineering*, Vol.44, No.1, 1974, pp.78–82.

② Rietbergenmccracken J, Narayan D., "Participation and social assessment: tools and techniques", 1998.

③ Brabham D C.,"Crowdsourcing the Public Participation Process for Planning Projects", *Planning Theory*, Vol.8, No.3, 2009, pp.242–262.

局限性，提升了组织和企业的研发生产能力，激发了公众的创造力①。通过“公众创造内容”的模式，众包实现了创新生产与市场需求的对接。此外，由于众包是一种基于互联网的创新生产模式，它也降低了原有组织模式中政府企业的部分聘请专业人员成本和设立办公场所的成本②。因此，基于众包模式的公众参与既保留了传统公众参与的特点，也有新技术的时代特征，参与主体的研究也需与时俱进。

结合各位学者对公众参与的研究和个人理解，笔者认为作为提升社会大众参与率的众包参与模式，参与对象更多的是面向普通社会大众。但是城乡规划领域因为其独特的专业性和技术性，根据我国《城乡规划法》的规定，公众参与的主体除了标准意义上的普通社会公众的参与外，还存在与规划有关联之利害关系人的参与行为。

因此，在本研究中，如何确定众包参与中的参与主体，从自上而下的政府主导和自下而上的大众自发两个层面，分为基于政府主导需要参与的公众和基于公众视角愿意参与的公众（见表3.1）。

基于政府主导需要参与的公众，其参与对象大致分为大众、专业人士、利益相关者三类：

（1）大众。在本书中，大众指的是不行使国家公权的普通市民，与政府机关工作人员相对应，在英文文献中又称为“外行公众（Lay Public）”，是与专家、专业人士并列的概念。

（2）专业人士。专业人士主要是指在某领域有专门研究或专业技能的人员，既包含从事城乡规划管理活动的政府人员，也包含尚未进入政府部门的具有专业知识和技能的人士。城乡规划是一项综合性复合型工作，专业人士不

① Brabham D C.，“Moving the crowd at Threadless：Motivations for participation in a crowdsourcing application”，*Information Communication & Society*，Vol.13，No.8，2010，pp.1122-1145.

② Schee B A V.，“Crowdsourcing：Why the Power of the Crowd Is Driving the Future of Business”，*rown Publishing Group*，2010.

仅限于城乡规划学科的专家,还包括拥有其他知识背景的专业人员。

(3)利益相关者。对于规划行为涉及的利益相关者(利害关系人),主要涉及规划许可证中的申请人和详细规划的修改。规划许可证的申请人主要是地块的开发单位,但是开发建设行为可能涉及申请人与第三方之间的相邻权关系,如项目对周围地块环境的污染、采光影响等。因此,利害关系人指会受到影响的相邻地块和相邻建筑物的使用权人及所有权人。同理,详细规划修改中,规划地块以及相邻地块的使用权人以及居住在规划区的居民都应当成为利害关系人。

基于公众的视角,能够真正成为众包参与主体的是那些愿意参与并且具有参与能力的公众。众包参与的意愿是多种因素共同作用的结果,既源自内部的参与意识和能力,又受到外部因素的影响,同时对不同的规划活动体现着不同程度的参与意愿。

首先,参与意识和参与能力是公众愿意参与规划活动的前提条件。基于现代民主意识的公民意识和公共精神是众包参与的内在动力。参与能力主要取决于公众的个人社会属性,如教育程度以及他们对参与事项相关知识的认知程度。

其次,个体的利益相关性是公众愿意参与的直接因素。这里的利益既包括公众自身利益,也包括公共利益和公众性利益,也就是志愿行为的利益追求(王周户①,2011)。一般来说,与自身利益关系越密切参与动力越强,宏观层次事务参与意愿较弱,微观层面参与意愿较强。

另外,参与的收益—成本判断也是公众参与意愿的理性决定因素,公众参与的收益取决于公众与公共事务关系的强度、公共事务有效管理对公众边际效用的影响、公众对公共事务本身的敏感度、公共事务行动方案的替代性、公众对参与效力的预期等多方面因素,因此在本研究中将详细了解公众的利益

① 王周户:《公众参与的理论与实践》,法律出版社 2011 年版。

取向、参与动机与参与意愿。

表 3.1　城乡规划众包参与的主体分类

城乡规划众包参与的主体分类	参与主体要素
基于政府主导需要参与的公众	大众、专业人士、利益相关者
基于公众视角愿意参与的公众	参与认知、动机、意愿、个人属性等

(资料来源:作者整理)

二、城乡规划众包参与的内容与范围

《城乡规划法》等相关法律法规对城乡规划活动中的公众参与有关事项有着明确的规定,对规划活动的不同阶段,参与的内容也不尽相同。在编制阶段,规划草案完成之后,组织编制机关需要将规划草案予以公告(不少于 30 日),并采取论证会、听证会或者其他方式征求专家和公众的意见。在规划确定阶段,城市总体规划获批前,审批机关应当组织专家进行审查。实施阶段中各层次规划获批后需要向社会公布;涉及公共利益和关系他人重大利益的许可事项,许可机关需要对公众和利害关系人进行告知和听证;在规划修改阶段,需要组织专家对总体规划实施情况进行评估,并采取论证会、听证会等方式征求公众意见;详细规划修改则还需要征求利害关系人的意见。

众包模式的公众参与利用信息技术的优势,涉及城乡规划活动的参与内容和范围更为扩大。本研究结合城乡规划公众参与的法定要求和众包模式特点,从城乡规划编制、城乡规划实施与修改、城乡规划管理三个阶段来探索众包参与的内容(见表 3.2)。

1. 城乡规划编制阶段的众包参与内容

在城乡规划的编制阶段,众包主要应用于规划的基础资料采集、规划意见征询等内容。

(1)城乡基础资料采集

基础资料采集是城乡规划编制的基础,将众包应用于城市基础资料采集中,即利用 WebGIS、开放式街景地图、GPS 等技术,建立基于互联网的规划基础资料采集平台,将普通大众作为基础资料采集的主体,从而改变了传统规划主要依赖专业人员现场调研、勘察的工作模式①。众包参与平台可以查询、浏览不同规划任务的场地地图、规划信息、资料需求以及目前已具有的数据资料,用户注册后既可以通过电脑或移动终端参与到规划数据的现场资料采集或在线知识经验描述中,也可以直接将个人对基地的经验知识进行描述说明。公众/用户利用移动终端将获取的基地现状照片、场地位置并标记采样时间等基本信息,在与具体规划项目关联后上传至众包平台。公众也可以直接将自己对基地的经验知识进行描述说明,并通过平台在线地图点选所描述场地的具体位置,完成编辑后上传。随后后台将通过位置信息自动匹配用户上传的资料与场地地图,并实时更新当前收集到的基础资料。通过众包采集城市基础资料不仅可以减轻规划专业人员在调研阶段的工作量,实现规划基础资料的开源化和透明化,也为城市规划社会化奠定了基础。

(2)城乡规划方案征集

当前我国城乡规划方案设计由规划师主导,社会大众因普遍缺乏必要专业技能和有效参与途径较难参与到这一阶段中。将众包技术应用于规划方案设计,即应用云服务、Web2.0 技术等构建基于互联网的规划设计服务社区,通过不同深度、不同难度的参与体系的构建,将不同背景的公众(特别是具有一定专业背景和参与技能)的公众纳入规划设计环节中。这要求政府或企业首先经由众包社区发布规划设计任务,提供相关数据资料、成果要求、奖励机

---

① Haichao Zheng, Dahui Li, Wenhua Hou., "Task Design, Motivation, and Participation in Crowdsourcing Contests", *International Journal of Electronic Commerce*, Vol.15, No.4, 2011, pp.57–88.

制等细则，用户完成注册后即可参与。众包任务主要分为方案设计和评定两类，方案设计主要针对具备专业技能的参与者，无专业背景的普通用户则主要参与方案评选。在用户提交自己的设计后，其他用户可以对其进行打分和评价，好评率较高的方案在任务时间截止后将由专家进行可行性及适用性评估并选择获胜方案，最终获选或入围的方案设计者将获得一定的奖励。众包全过程中所有相关评论、报告、资料等相关内容均可在线查阅。众包在城乡规划设计环节的应用不仅提高了公众参与城市规划的深度，也将实现我国城乡规划向“群众创造内容”的民主式规划的跨越式发展。

(3)城乡规划编制意见征询

由于规划活动涉及不同的利益群体，因此规划编制过程必须综合考虑多方的意见和建议，将众包应用于城市规划编制意见征询，通过云平台、Web2.0、WebGIS[①]、网络地图等技术，针对规划方案和政策决议的审批，建立基于互联网的意见征询平台，面向普通市民进行规划方案、决策的意见征询。政府部门通过在众包平台上发布规划方案和政策决议草案，鼓励用户通过电脑或移动终端对与自己相关或感兴趣的项目和政策提出意见、建议，随后政府部门通过平台对公众意见进行反馈并采纳优秀建议。平台实行意见、反馈信息公开，并实时更新规划方案、政策的修改和审批进展。通过众包进行规划编制意见征询加强了政府和市民之间的联系，公众意见的有效传达和及时处理将有效调动市民参与规划的积极性。

2. 城乡规划实施与修改阶段的众包参与内容

城乡规划实施是规划引导、控制、监督和评估城市建设行为的动态过程。在城乡规划的实施阶段，众包主要应用于建设工程监管以及建设评估等规划活动，以及基础设施监管和灾情检测等内容。

① 王鹏、袁晓辉、李苗裔：《面向城市规划编制的大数据类型及应用方式研究》，《规划师》2014年第8期。

（1）城乡土地开发和建设工程监管

将众包应用于城市土地开发和建设工程监管，即利用数字城管、网络地图等众包平台，搭建面向普通大众的基于互联网的城市土地开发和建设工程监管平台，转变传统规划体系中主要依赖专业人员监督、管理的模式，让市民成为城市的管理员。公众可以通过众包监管平台在线查询已通过审批的土地规划、建设用地规划以及建设工程规划的相关信息。在发现违规建设现象后，注册用户可以通过移动终端对现场进行拍照取证，标注信息采集时间、地理位置、违规建设占地面积、具体违规现象等内容，在与相关规划关联后将监督、举报内容上传，众包平台实时更新公众提交的信息。随后专业人员将根据提交的违规信息进行现场排查，严肃查处违法违建现象并将查处结果在平台上进行公示。通过建立高效、灵活的市民监管平台，帮助实现城乡规划实施的动态监督。

（2）城市规划实施评估意见反馈

类似于规划编制阶段的意见征询众包平台，在城乡规划实施的评估环节同样需要公众的意见与反馈。通过共同探讨规划实施的成效和存在的问题，评估当前规划实施的效果，也对下一轮规划修编提供指导。通过构建政府、规划师与市民沟通反馈的平台，众包模式实现了城乡规划中连续、动态的公众反馈，这种循环参与模式在提高城乡建设质量的同时也将形成管理者—公众共建的良性循环。

3. 城乡规划管理阶段的众包参与内容

在城乡规划管理阶段，众包参与的主要应用在城市基础设施监管、道路交通的监管和灾情动态监测等领域。

当公众发现市政基础设施损坏时，通过多种智能终端可以对路面损坏、管道破损、通信设施损坏、环境卫生破坏等进行取证上报基础设施维修申报数据，后台的管理人员能够及时收到公众提供的信息，辅助决策维修方案，有效提高了政府的市政监管能力。

当城乡道路发生交通堵塞时，公众通过多种智能终端对交通拥堵状况、停车场使用状况交通人数等进行取证上报路况信息数据，交通管理部门能够及时作出行政决策和相关预警提示。

当发生山体滑坡、洪水、泥石流或火灾等灾害时，通过多种智能终端对灾情范围、灾情等级、人员伤亡情况、建筑损毁情况等进行取证上报灾情数据，辅助灾害动态监测和防治工作。

表 3.2　城乡规划众包参与内容

城乡规划众包参与的阶段	城乡规划众包参与的主要内容
城乡规划编制阶段	城乡基础资料采集 城乡规划方案征集 城乡规划编制意见征询
城乡规划实施与修改阶段	城乡土地开发和建设工程监管 城市规划实施评估意见反馈
城乡规划管理阶段	城市基础设施监管 道路交通的监管 灾情动态检测

（资料来源：作者整理）

三、城乡规划众包参与的方式与平台

参与方式是指公众参与的途径和方法，也就是公众实现参与所需要依托的技术手段。城乡规划公众参与的传统参与方式主要包括政府公告、专家论证会、市民听证会等方式。杨静（2011）详细总结了不同规划类别和阶段下各类公众参与形式①（见表 3.3）。

① 杨静：《规划公众参与的转型研究——以南京市为例》，《城市发展研究》2011 年第 12 期。

表 3.3　城乡规划公众参与主要阶段与方式

类别	阶段	参与形式
1. 城乡规划制定	立项	现场公示
	现状调查	问卷调查、通信联络、座谈会、规划调查
	草案准备	规划公示、规划调查
	可行性研究	听证会、评议会、咨询会、规划调查
	规划设计	听证会、评议会、咨询会
	方案形成	咨询会、研讨会
	初步成果完成	方案公示、评议会、规划调查
	成果审查	公众听证会、专家论证或咨询会
	成果完成	现场公示、网站公示、固定场所公示、媒体公示、直接参与、规划调查
2. 城乡规划实施	审批过程	听证会、报建大厅咨询、座谈会、报道会、现场公示、直接参与、规划调查
3. 城乡规划的修改	结果核发	现场公示、网站公布
	规划实施评估	论证会、听证会等
	编制修改方案	规划调查、听证会、公众直接参与
4. 规划监督检查	规划监督	信访接待、网络信箱
	处理结果	网站公布、媒体公布、办公地点公示、固定公示场所、宣传册等

（资料来源：作者根据文献改绘，杨静：《规划公众参与的转型研究——以南京市为例》，《城市发展研究》2011 年第 12 期）

相较于传统的公众参与方式，信息技术为公众参与提供了新的参与渠道和平台。将信息通信技术引入城乡规划领域，向公众开放城市规划专业人员使用的传统技术和工具，从参与式规划（Participatory planning）转向在线规划参与（Participatory e-planning）①。例如工具“地图上的计划（Maps of plan-

① Rose J，Sanford C.，“Mapping e-Participation research：four central challenges”，*Communications of the Association for Information Systems*，Vol.20，No.1，2007，p.55.

ning)”,这是一个允许公民了解现有计划的网站,基于在线问卷调查,收集公民对规划者提出的具体问题及意见,并且公众可以持续参与方案竞赛与评论,并将公众的反馈分享给所有人①。近年来,大数据与“互联网+”背景下催生的“众包、众筹,众创”等新的理念的涌现,正成为社会经济组织模式转型的新动力,推动新一轮规划管理模式的转型②。通过自上而下和自下而上两种模式的结合,聚合集体智能,实现开放式规划,不仅丰富了创新源,也调动了市民对规划建设的积极性③。众包参与模式为公众参与提供了更多、更灵活的参与方式,使公众参与不再拘泥于一时一地,参与的广度、深度及效果都显著提升。Margerum④(2002)、Balram⑤(2004)等总结了传统合作式公众参与与新媒体时代引入ICT之后的公众参与在代理水平、沟通方式、规划师角色等方面存在的不同(见表3.4)。

表3.4　传统公众参与与众包参与方式的比较

		传统工具下的公众参与	众包参与
代理的多样性	政府机构	前瞻	前瞻或后摄
	主要利益相关者	前瞻	前瞻或后摄
	利益集团	目标或当地团体	需持有ICT使用技能

① Stratigea A,Papadopoulou C A,Panagiotopoulou M.,“Tools and technologies for planning the development of smart cities”,*Journal of Urban Technology*,Vol.22,No.2,2015,pp.43-62.

② 周素红:《规划管理必须应对众包,众筹,众创的共享理念》,《城市规划》2015年第12期。

③ Seltzer E, Mahmoudi D.,“Citizen participation, open innovation, and crowdsourcing: Challenges and opportunities for planning”,*CPL bibliography*,Vol.28,No.1,2013,pp.3-18.

④ Margerum R D.,“Evaluating collaborative planning:Implications from an empirical analysis of growth management”,*Journal of the American Planning Association*,Vol.68,No.2,2002,pp.179-193.

⑤ Dragicevic S,Balram S.,“A Web GIS collaborative framework to structure and manage distributed planning processes”,*Journal of geographical systems*,Vol.6,No.2,2004,pp.133-153.

续表

		传统工具下的公众参与	众包参与
沟通交流	发起者	政府或利益相关者	任何人
	时间和空间	固定的	灵活的
	进程管理	结构化	非结构化
	媒体效果	线下或延迟	实时在线
	空间需求	工作室、问卷访谈	可变化的空间或在线
	持续性产出	确定	不确定
规划师的角色	专业技术人员	是	是/不是
	发起者和组织者	不是	是/不是

(资料来源:作者参考文献 Margeru,2002;Balram,2004 整理)

信息通信技术推动了新型公众参与模式的产生,英国智慧城市研究专家巴蒂 Batty(2014)指出目前在线公众参与主要有以下四种参与方式①:最早的参与方式是通过门户网站途径获取关于城市日常生活及工作的信息;后来通过与其他在线用户的互动,创造性地处理信息;第三种是市民通过众包在线系统,回答相关询问并上传信息;第四种是通过完全成熟的决策支持系统,使市民参与到城市未来的设计和规划中来。这四种模式也是在线公众参与程度和效力逐步加深的过程。参照此分类方法,本研究中通过对当前城乡规划众包参与方式进行分类与总结,从参与平台和渠道的角度,主要分为网站参与、软件参与和社交平台参与三类,参与方式包括信息发布、问卷调查、论坛、查询服务、方案征集、公众投票、网站投诉等(见表 3.5)。

① 迈克尔、巴蒂、赵怡婷等:《未来的智慧城市》,《国际城市规划》2014 年第 6 期。

表 3.5　城乡规划众包参与的平台与方式

城乡规划众包参与平台	城乡规划众包参与方式
网站平台参与(门户网站、政府网站、主管部门网站)	信息发布、问卷调查、论坛、查询服务、方案征集、公众投票、网站投诉等
专业平台参与(规划专业软件、众包参与平台)	
社交平台参与(微博、微信、QQ 等)	

(资料来源:作者总结)

1. 网站平台参与

网站一直以来是公众参与的主要网络平台,也是传统参与形式向在线参与转变的第一步。在这里主要讨论门户网站、政府网站和主管部门网站的公众参与功能。

门户网站是最早的在线公众参与模式,在我国以新浪、搜狐、腾讯等综合门户网站为主,涵盖了人们生活的方方面面,其中也包括城市规划建设内容,其巨大的关注量和推送能力在信息发布与告知方面具有良好的效果。政府网站是政务公开的主要网络渠道,涵盖政府管辖的各个方面,城市建设管理也是其中的内容之一。城乡规划主管部门网站一般是指城乡规划活动的主管职能部门(国土规划局等相关机构),也是信息最全面和翔实的城乡规划公众参与平台。目前,全国各省地市州的城乡规划主管部门都已开放官方网站向市民提供参与渠道,一般都开辟了“政务公开”“网上办事”“信息服务”等面向公众的栏目。但是我们也看到,当前以门户网站作为电子政务服务基本平台的资源整合作用尚不明显,绝大多数政府网站停留在从静态发布到单项交互的层次,政府网站的在线交互能力和在线事务处理能力都很低;绝大多数基层政府网站的服务尚未建立面向政府客户的分类机制,个性化服务的提供水平较低;绝大多数政府网站的信息和服务的深度不够。

2. 专业平台参与

专业众包平台是近年来在线公众参与领域的新型参与平台，不再依托政务网站，而是根据众包活动内容需要独立建立一个网页或者软件，在不同移动终端上以不同形式展现给公众。例如，澳大利亚伍伦贡大学“城市宜居性，可持续发展和弹性”研究小组研发的开放众包平台 petajakarta.com，利用公众采集灾情数据，实现雅加达洪水信息的实时更新预警（见图 3.2）。众包平台运行在研究小组开发的开源软件 cognicity 上，为移动设备提供了简易的测绘服务和临界警报服务。用户通过开启移动终端的位置服务及文字、拍照等功能，

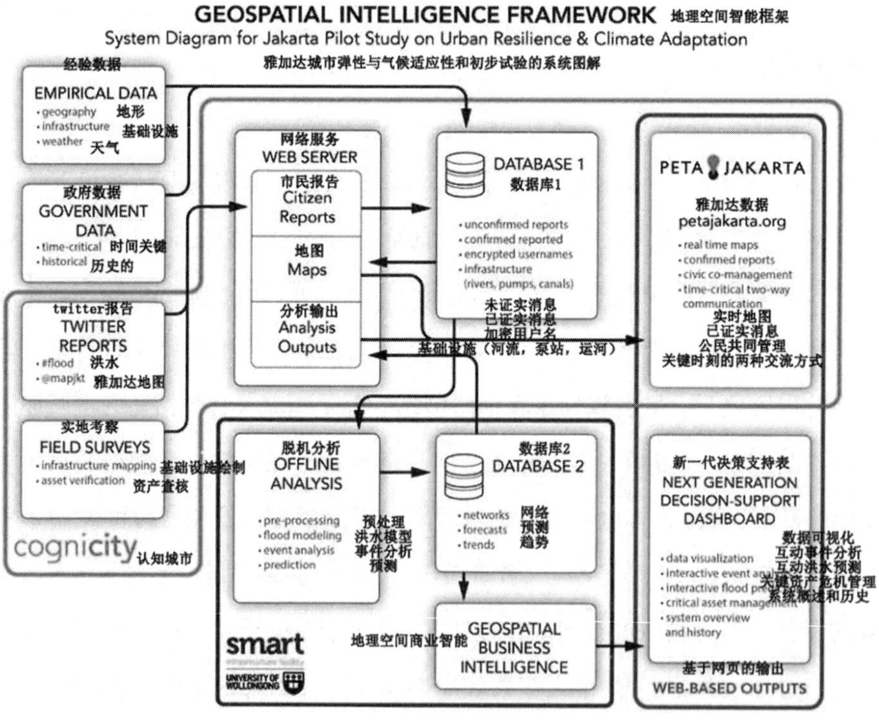

图 3.2　Peta Jakarta 众包平台流程图

（资料来源：作者根据文献改绘，Peta Jakarta，smart infrastructure facility，University of Wollongong）

采集洪水期间灾情范围、灾情等级、人员伤亡情况、建筑损毁等照片和信息，并将数据传输至 petajakarta.com，实现灾害数据的实时更新预警查询，此外，研究小组的相关数据分析报告也将发布在 Peta Jakarta 平台。Peta Jakarta 面向不具备专业知识和技能的普通公众，市民只需要配备基础的智能移动终端和互联网就可以参与到数据采集任务中。

3. 社交平台参与

进入 Web2.0 时代后，社交网络平台的广泛传播和使用真正改变了公众在线互动的性质，使得新形式的个性化公众参与不再需要重要的组织资源和共同的身份以及意识形态①，使用网络数字工具后人与人之间的交流更为直接，也相应地能解决更为广泛的城乡规划问题②。当前我国微博平台和微信平台是公民使用范围最广、参与人数最多的社交网络媒介，其中新浪微博和微信公众号活跃度较高，但特点和效果各不相同。

如表 3.6 所示，城乡规划管理部门从国家部委到各大直辖市、省会城市都开通了新浪微博的官方账号（截至 2016 年 4 月 21 日），但是在使用效果上相差甚大，很多地方官方微博开通后疏于管理，逐渐沦为“僵尸微博”，还有一些虽然有更新和发布，但是参与和反馈信息甚少，互动性不高。国家部委的“国土资源部国土之声”是我国城乡规划领域最高级别的微博官方账号，也是粉丝最多的账号，有 160 多万粉丝予以关注。北京、上海、天津、广州、成都、武汉、哈尔滨、福州、乌鲁木齐、银川、海口、南昌等直辖市和省会城市的粉丝量和微博量都较高。而长春、合肥等地的官方微博更新较慢、活跃度低。

---

① Bennett W L.,“Changing citizenship in the digital age”, *Civic life online: Learning how digital media can engage youth*, 2008, No.1, p.24.

② Hemmersam P, Martin N, Westvang E, et al.,“Exploring urban data visualization and public participation in planning”, *Journal of Urban Technology*, Vol.22, No.4, 2015, pp.45-64.

表 3.6　城乡规划管理部门新浪官方微博基本情况

		Data collection time:21/4/2016		
级别 Level	新浪官方微博名称 Account	关注 Follow	粉丝 Follower	微博 Weibo
部委 Ministry	国土资源部国土之声 Land and Resources	944	1625040	2388
直辖市 Directly governed cities	北京规划Beijing	110	167997	7692
	上海规土发布Shanghai	167	70067	15338
	天津规划Tianjing	65	93098	2187
	重庆规划Chongqing	48	1049	739
省会城市 Provincial capital cities	广州国土规划Guangzhou	94	34555	2952
	武汉国土规划Wuhan	46	32983	1554
	成都规划Chengdu	21	56739	2105
	南京规划Nanjing	687	16576	7334
	杭州规划Hangzhou	104	1135	1287
	郑州规划Zhengzhou	14	29415	149
	哈尔滨市城乡规划局Haerbin	0	51042	942
	福州规划Fuzhou	27	27017	653
	长春规划Changchun	19	243	4
	西安市规划局Xi'an	87	842	841
	合肥市规划局Hefei	2	38	8
	南昌规划Nanchang	132	27236	1446
	昆明市规划局Kunming	69	1619	2809
	呼和浩特市规划局Huhehaote	70	127	129
	乌鲁木齐市规划局Wulumuqi	145	29537	2830
	海口市规划局Haikou	68	31933	1807
	银川规划Yinchuan	508	51600	2451

（资料来源：作者基于新浪微博相关信息整理）

然而，同样是社交网络平台的微信公众号，却是另一番景象。不论是点赞数、转发数还是评论数，都远远超过新浪微博官方账号的公众参与状况。李昊、梁军辉从清博指数—新媒体大数据平台（http://www.gsdata.cn/rank/detail）以及部分规划院的微信平台数据，获取了2016年中国城市规划协会、中国城市中心、规划中国、清华同衡规划播报、一览众山小—可持续城市与交通、中国城市规划网等近20家规划行业内或城市相关的微信公众号各自阅读量前十以及阅读量上万的文章，进行了分析①。

从清博指数获取的各个城市规划及城市研究相关的公众号三个指标：最

① 李昊：《2016年城市规划行业微信新媒体发展分析》，2017年。

新排名、等价活跃粉丝和最新 WCI 指数。其中微信传播指数 WCI 是通过微信公众号推送文章的传播度、覆盖度及账号的成熟度和影响力来反映微信整体热度和公众号的发展走势。相较而言，WCI 综合考量考虑了阅读指数、点赞指数和发文周期等多个因素，对于微信号的评价更为客观。

从规划院来看，UPDIS 共同城市（深规院）、中国城市中心（中国城市和小城镇改革发展中心）、清华同衡规划播报（北京清华同衡规划设计研究院）和新土地规划人（新疆新土地城乡规划设计院）影响较大。同时中国城市规划网（中国城市规划学会）与中国城市规划协会作为行业组织的微信平台，也具有突出影响力。在传媒与其他行业领域，城市数据团、国匠城、市政厅影响较大。

从整体来看，相对于热门的微信号而言，城市规划类微信号受众相对较窄，受限于行业和学术表达等因素，受众群体较小。从等价活跃粉丝来看，除城市数据团外，粉丝较多的微信公众号也只有数万粉丝。这也是规划类公众号影响力较小的反映。在清博历次发布的全国微信 1000 强榜单中，也从未出现过城市规划、城市研究领域的微信号。

表 3.7　城乡规划行业微信公众号基本情况

名称	最新排名	等价活跃粉丝	最新 WCI
城市数据团	12010	140000	653.46
中国城市中心	19078	46960	558.45
UPDIS 共同城市	26119	41290	512.2
国匠城	26124	16575	523.99
中国城市中心规划院	26929	25380	504.59
新土地规划人	27308	23705	500.37
城市设计	31854	23415	459.71
中国城市规划网	32571	17540	457.16
清华同衡规划播报	37091	20035	4416.38
市政厅	40536	22645	381.4
中国城市规划协会	42701	13390	403.5
一览众山水—可持续城市与交通	44861	15115	401.72

续表

名称	最新排名	等价活跃粉丝	最新 WCI
中国城市规划设计研究院	49790	9355	372.84
中铁城市规划设计研究院	53626	1740	367.04
同济大学建筑与城市规划院	55140	7550	348.55
上海 2040	58764	6475	314.93
CITYIF	58821	8440	326.99
江苏省城市规划设计研究院	61345	4980	321.37
规划中国	65573	5480	303.1
清华旅游规划	71405	5225	266.83
城市规划	74203	8735	239.82
山西省城乡规划设计研究院	80164	1965	250.11

(资料来源:作者根据参考资料整理,李昊,2017)

四、城乡规划众包参与的层次与效力

公众参与的层次不同,对规划决策的影响和效力也不同。从 20 世纪 60 年代开始就有许多学者对使用者参与的层次与基本模式提出观点,其中最具有影响力的就是 Sherry, Arnstein 于 1969 年提出的八个阶段的参与阶梯(A labber of citizen participation);1975 年 Iriand 站在专业者的角度提出的七项参与的方式,并解释了不同角色的定位;1978 年 Eidsvik 提出了参与的五个模式;以及 1988 年 Connor 对 Arnstein 参与阶梯提出的不同角度的修正,本书对上述理论核心概念和参与程度整理对比(如表 3.8)。这些参与模式都是较常用来评估民众参与的理论,Arnstein 和 Eidsvik 的参与模式比较类似,都是从一般使用者参与决策的程度来分级分项的方式来说明过程中的各种现象,Iriand 的七项参与系统是从专业者的角度来说明参与的各种方式,包括计划主导者、中间协调者、利益团体代表、计划专业者等不同的角色定位。可无论是哪一种分类,都有新的方式被延伸发展出来或未考虑周全的可能性,不可能涵盖所有;虽然参与的程度与其政治社会体制相适应,但在特定的某种政治社会背景之下无论是哪一层级的参与模式都有可能同时被使用或同时发生；且在某一特定的情境下，依据策略不同而选择不同的参与方式。因此 Connor 就针对这一问题，从针对“公共议题处理的情形”修正 Arnstein 理论而提出新的公民参与阶梯：教育、信息反馈、咨商、参与规划、调停、诉讼、解决/预防冲突。

随着信息技术和在线公众参与的发展，参与阶梯的理论也随之推进，专家 Kingston，Hudson-Smith 等人于 2002 年提出了在线参与阶梯理论（Ladder of Eparticipation）①。与之前的参与阶梯理论一样，参与的层次越高，公众权力分享就越大多，参与效力（控制力和影响力）就越大。Kingston（2002）依次提出了从基本的 Web 网页参与到在线调查、在线论坛、在线服务、在线评论，以及专业性更强的 PPGIS 公众参与地理信息系统和在线决策七个不同等级。Hudson-Smith（2002，2013）在此基础上，还提出了更高参与度的虚拟工作室和虚拟空间，公众参与程度更高，效力也越大②（见表 3.9）。

表 3.8　参与阶梯理论发展

	Arnstein (1968)	Iriand(1975)	Eidsvik(1978)		Connor(1988)
完全参与	市民掌控	复式计划（折中解决方案）	合伙模式		解决/预防冲突
	权力委让				
	伙同	仲裁	控制模式		诉讼
象征性参与	安抚	倡导式计划	说服模式	⇨	调停
	咨询	中立			参与规划
		协调	咨商模式		咨商
	告知	通告并咨询			信息反馈
无参与	治疗	告知	通告模式		教育
	操纵				

（资料来源：作者根据文献整理，Arnstein，1968；Iriand，1975；Eidsvik，1978；Connor，1988）

① Hudson-Smith A，Evans S，Batty M.，“Building the virtual city：Public participation through e-democracy”，*Knowledge Technology & Policy*，Vol.18，No.1，2005，pp.62－85.

② Mohapatra A，Smith D H，Braaten E.，“Dissociation of Cooper pairs in the BCS Limit using an Oscillating Magnetic Field”，Environmental Pollution，Vol.178，No.1，2013，pp.381－394.

表 3.9　在线参与阶梯理论的发展

Kingston,2002	Hudson-Smith et al.,2002
在线决策	虚拟空间
PPGIS	虚拟工作室
在线评论	社区项目系统
在线服务	在线支持决策系统
在线论坛	在线调查
在线调查	在线讨论
基本网页	在线服务

(资料来源:作者根据文献整理,Kingston,2002;Hudson-Smith et al.,2002)

通过对上述研究所提出的相关公众参与方式的整合,结合众包模式的特点,本书提出众包模式的城乡公众参与层次(见表 3.10),从参与效率低至高依次为在线信息发布、在线问卷调查、在线论坛、在线服务、在线会议、在线投票。按照 Arnstein 的参与阶梯理论,在线信息发布仅仅是单项信息告知,为最低层级的参与;问卷调查、在线论坛及服务为象征性参与,公众的意见被部分征询和参考;在线会议和公众投票意味着公众参与政策决策,为最高级别的参与形式。

表 3.10　城乡规划众包参与层次与效力

城乡规划众包参与层次	城乡规划众包参与效力
在线投票	完全参与
在线会议	完全参与
在线服务	象征性参与
在线论坛	象征性参与
在线问卷调查	象征性参与
在线信息发布	无参与

(资料来源:作者整理)

五、城乡规划众包参与的过程与结果

城乡规划众包参与的过程和结果分析解决的是如何实施众包参与行为以及该过程带来了什么结果，其核心是参与过程的构建和参与结果的评估，直接影响城乡规划公众参与活动能否取得成功①。众包参与活动的组织与实施过程是否成功是考验管理层和组织者的重要方面。公众参与的过程其有效实施的核心要素是全程性参与、公平性参与、参与程序合法、政府有效回应；公众参与的结果涵盖公众输出与输入、政府输入与输出及它们之间的互动机制②。

本书中城乡规划众包参与的过程从两个方面来分析（见表 3.11）。一是城乡规划众包参与的程序，指的是在法定框架下参与城乡规划活动，从规划编制启动到现状调研、方案征集、方案论证、方案确定、方案实施以及监督检查全过程的众包参与。二是城乡规划众包参与的组织流程，是涵盖决策、计划、实施、控制、评估以及反馈等环节的综合性行动进程。具体组织环节如下：(1)界定众包参与主体与对象，确定参与主体的规模和范围；(2)明确众包参与活动预期达到的目标；(3)制订众包参与活动计划，确定具体的实施方案；(4)动员、宣传、招募和选择众包参与者；(5)对选定的参与者进行进一步的教育和培训，提高参与能力；(6)实施众包参与活动；(7)参与评估及反馈，并提出后续解决方案。

表 3.11　城乡规划众包参与的程序与流程

城乡规划众包参与程序	城乡规划众包参与组织流程
编制启动阶段	界定众包参与主体与对象
现状调研阶段	明确众包参与目标
方案征集阶段	制订众包参与活动计划

① Rowe G, Frewer L J., "Evaluating Public-Participation Exercises: A Research Agenda", *Science Technology & Human Values*, Vol.29, No.4, 2004, pp.512-557.

② 李天元：《〈旅游目的地治理中的公众参与机制研究〉评介》，《地理研究》2017 年第 2 期。

续表

城乡规划众包参与程序	城乡规划众包参与组织流程
方案论证阶段	宣传、招募、选择众包参与者
方案确定阶段	参与者的教育和培训
方案实施阶段	实施众包参与活动
监督检查阶段	参与评估及反馈

(资料来源:作者整理)

城乡规划众包参与的结果是基于公众与政府两个层面的公众参与之行动效果,从公众自身的输出与输入、政府自身的输入与输出以及它们之间互动关系来评判(见表3.12)。基于公众视角,众包参与的结果表现为公众之输入(信息获取、获取反馈、参与决策)和输出(信息提供、诉求表达、民意投入、资源投入)的协同;基于政府视角,众包参与的结果表现为输入(信息公开与告知;对众包参与的重视、认可、支持与回应)和输出(获取信息;民意支持;资源支持)的协同。从城乡规划众包参与的整体视角考虑,不论是公众视角还是政府视角,其互动关系的结果都要符合经济、效率、效能、公平的目标。

表3.12　城乡规划众包参与的结果

主体	输入	输出	结果评价
公众	信息获取;获取反馈;参与决策	信息提供;诉求表达;民意投入;资源投入	经济效率效能公平
政府	信息公开与告知;对众包参与的重视、认可、支持与回应	获取信息;民意支持;资源支持	

(资料来源:作者整理)

第二节　基于公众个体视角的城乡规划众包参与行为选择理论模型构建

众包参与的关键在于"公众",公众对于城乡规划工作的参与热情和意愿是公众参与活动成功与否的重要因素。因此,本研究基于“自下而上”的公众视角,借鉴理性行为理论、计划行为理论、合理行为理论、技术接收模型等个人行为选择理论和社会心理学模型,通过了解这些理论的主要内容、基本假设、核心变量及结论,结合城乡规划的内容和众包参与特征(见表3.13),探讨城乡规划众包参与行为的选择因素与参与偏好。

理性行为理论主要分析态度如何有意识地影响个体行为,关注基于认知信息的态度形成过程,个体的行为意向是由对行为的态度和主观准则决定的①;计划行为理论在理性行为理论的基础上增加了一项对行为意愿产生影响的新变量“自我行为控制认知”②;合理行动理论则系统列出了理性行动理论未涉及但可能对行为发挥作用的外部因素(人口统计学变量、目标态度、个人特质等)③;技术接受模型则是用来对用户持续使用信息系统的接受程度进行解释和预测④,以及测度周围重要人的使用行为对个体行为意向的作用⑤。

总体来说,这些理论主要是用于个体行为决策的因素研究,探索哪些因素会影响决策者的行为意向和行为。近年来信息通信技术和新媒体的迅猛发展,研究者们开始考察行为选择理论对在线行为的预测力和解释力,研究对象包括网络购物、在线服务使用、在线活动等,主要被用于分析和预测技术系统和其他数字服务的受众接受度,如专家决策支持系统使用预测。

本研究在借鉴上述个体行为选择理论模型的基础上,结合城乡规划和众

---

① Fishbein M, Ajzen I., “Belief, Attitude, Intention and Behaviour: an introduction to theory and research”, *Philosophy & Rhetoric*, Vol.41, No.4, 1975, pp.842-844.

② Beck L, Ajzen I., “Predicting dishonest actions using the theory of planned behavior”, *Journal of Research in Personality*, Vol.25, No.3, 1991, pp.285-301.

③ Eagly A H, Chaiken S., “Attitude structure and function”, *Contemporary Sociology*, Vol.19, No.4, 1998, p.625.

④ Edyburn D L.Book Reviews: Siegel, Martin A.& Davis, Dennis M., “(1986) Understanding Computer-Based Education.New York: Random Housem 236 pagesm $11.25”, *Journal of Early Intervention*, Vol.10, No.3, 1986, pp.283-284.

⑤ Krapels R H, Davis B D., “Communication Training in Two Companies”, *Business Communication Quarterly*, 2000, p.63.

包模式的特点，提出了基于个体行为选择的城乡规划众包参与行为选择模型，主要变量包括个人属性、态度认知、参与动机及参与意愿，以及它们的相互影响关系（见图3.3）。

表3.13　个体行为选择相关理论模型

行为选择理论模型	主要内容	基本假设	核心变量	主要结论
理性行为理论（Theory of Reasoned Action，TRA）（Fishbein，Ajzen，1975）	分析态度如何有意识地影响个体行为，关注基于认知信息的态度形成过程	人是理性的，在作出某一行为前会综合各种信息来考虑自身行为的意义和后果	主观态度 行为规范 行为意向 行为	个体的行为意向是由对行为的态度和主观准则决定的
计划行为理论（Theory of Planned Behavior，TPB）Icek Ajzen（1988，1991）	在TRA的基础上增加了一项对自我“行为控制认知”的新概念	人的行为并不是百分之百地出于自愿，而是处在控制之下	行为态度 主观规范 知觉行为控制 行为意向 行为	行为意向是影响行为最直接的因素，行为意向反过来受行为态度、主观规范和知觉行为控制的影响
合理行动理论（Theory of Reasoned Action，TRA）（A.H.Eagly，1998）	基于理性行动理论的综合理性行动模型，系统列出了理性行动理论未涉及但可能对行为发挥作用的外部因素	外部变量（人口统计学变量、指向目标的态度、个人特质）对行为态度和规范要素具有相对重要影响	人口统计学 目标的态度 个人特质 行为的态度 主观规范 行为意向 行为	某一特定行为的决定是通过理性思考的，在这个过程中，个体会考虑各种行为方案，评价各种结果，然后作出行动或不行动的决定
技术接受模型（Technology Acceptance Model，TAM）（Davis，1986）	用来对用户持续使用信息系统的接受程度进行解释和预测	用户的态度和感知有用性对行为意向有影响	外部变量 感知有用性 感知易用性 态度 行为意向 使用行为	用户的使用行为主要是受到用户的行为意向的影响，而用户的行为意向是由用户的态度和感知有用性共同决定的
技术接受模型2（TAM2）（Venkaesh，Davis，2000）	探讨感知有用性的影响因素	周围重要的人是否支持自己使用该技术	工作相关性 产出质量 结果展示性 形象 主观规范 经验及自愿性	周围重要人的使用行为和周围人地位提升的程度既间接作用于行为意向，又可直接影响行为意向

［资料来源：作者根据相关文献（Fishbein，Ajzen，1975；Icek Ajzen，1988，1991；A.H.Eagly，1998；Davis，1986；Venkaesh，Davis，2000）整理］

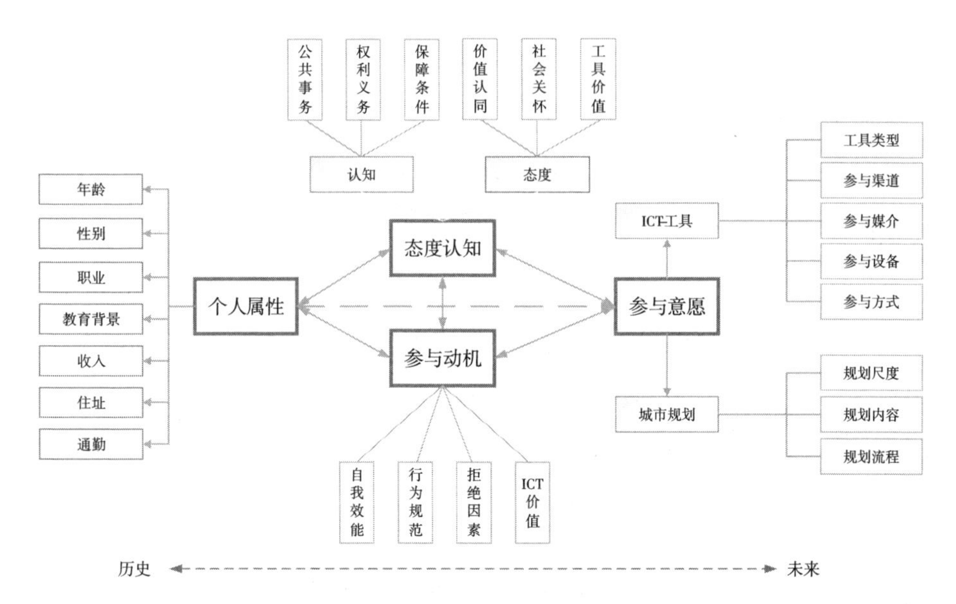

图 3.3　城乡规划众包参与行为选择理论模型框架

(资料来源:作者绘制)

一、城乡规划众包参与的认知与态度

1. 城乡规划众包参与的认知分析

认知是指信息通过接收在头脑中被编码、存储和组织,并与个人积累的知识与价值相适应①。认知作为一种生活目标或者说是生活标准,它以一种重要的方式在指引人们的生活和行为②。学者们对公众认知进行了各自的界定。曾济群(1995)指出,一个健全的公民应该对自由正义、公平法治等概念有清楚的认识,同时对一般性的权利和义务有所了解,这也是现代公民所应具备的基本能力;萧扬基认为,公众的认知主要是对自己权利和责任的了解,能

① Reginald R.,"OPERATION CRIMSON STORM",Wildside Press,2013.

② 贾鼎:《基于计划行为理论的公众参与环境公共决策意愿分析》,《当代经济管理》2018 年第 1 期。

够对自己公民角色有明确的理解;郭正林认为公众的政治认知水平很大程度上取决于政治认知渠道的数量和畅通程度①。

对于公众参与认知的结构和测度,目前研究较少,比较被认可的是我国台湾地区学者萧扬基(2000)的量表,他认为公众认知的量表应该包含对"公共事务的基本认识""公民权利的基本理解""公民责任的基本理解""公民条件的基本理解"四项。

笔者认为,城乡规划公众参与作为公共事务中的一部分,本研究中的城乡规划众包参与认知主要是对城乡规划活动和公众参与的知晓和认知程度,具体将从城乡规划的公众事务属性、权利与义务、实现的条件与保障三个方面进行认知测度(见表3.14)。

表3.14 城乡规划众包参与的认知测度表

对城乡规划公共事务属性的认知	我了解城市规划的相关工作内容
	当我的权益遭到损害时,我知道用什么方式来维护
	在城市规划公众参与事务中,我知道去找哪一个政府部门
	市民关心城市规划的程度越高,越能促进社会的民主化
	城市规划属于公共事务,应考虑社会公共利益
对城乡规划活动中公民权利与义务的认知	我了解《城乡规划法》等相关法律规定的公民权利与义务
	在城乡规划活动中公众享有知情权、参与权和监督权
	城乡规划管理部门有征集和尊重公众意见的责任
	市民需要关注城市建设发展的最新进展
	市民有义务参与当地的城乡规划活动

① 郭正林:《乡村治理及其制度绩效评估:学理性案例分析》,《华中师范大学学报(人文社会科学版)》2004年第4期。

续表

实现的条件与保障	政府应该为公众提供合适的媒介和沟通渠道
	在公众参与中，公民需有一定的教育基础和理解能力
	立法和监管是城乡规划公众参与的有效保障
	政府的反馈与实施是检验参与效力的有力武器
	作为社会团体的第三方参与也很重要

（资料来源：作者整理）

2. 城乡规划众包参与的态度分析

态度的定义主要源自社会心理学，普遍被接受的一个定义为态度是对特定物体、个人或者空间环境以一致喜欢或者不喜欢的方式作出反应的一种预先倾向[①]。对于公众参与态度，不同的学者也有着不同的见解。林火旺（1995）、张秀雄（2008）认为公众参与态度是指公众对所处的社会政治环境如何去判断和看待[②]；林嘉诚（1989）认为公众参与态度是对政治系统的认知、感情和行为倾向；公民参与公共事务的认知、情感与行为倾向等所形成的一种有组织的信仰称为公众参与态度[③]。

综合国内外学者的观点，本书认为城乡规划众包参与态度是公众对其所处的政治环境下关于城乡规划活动中公众参与事务的一个基本观点、看法和判断。关于公众参与态度的测度维度，Rosenbaum（1975）指出公众参与态度的变量包括政治认同、政治信任、体系规则、政府态度、政府效能、政治参与、输入输出体系等[④]。萧扬基（2000）认为公众参与态度包括对公共事务的态度、

① Abelson R P.，"Psychological status of the script concept"，*System design for human interaction*，IEEE Press，1987，pp.715–729.

② 张秀雄：《审议民主与公民意识》，《学术研究》2008 年第 8 期；林火旺：《自由主义社会与公民道德》，《哲学与文化》1995 年第 12 期。

③ 林嘉诚：《政治心理形成与政治参与行为》，台湾"商务印书馆"股份有限公司 1989 年版。

④ Rosenbaum H J，Tyler W G.，"South-South Relations：The Economic and Political Content of Interactions among Developing Countries"，*International Organization*，Vol.29，No.1，1975，pp.243–274.

社会关怀的态度、社会责任的态度和时事关心的态度四个因子。

本书综合国内外学者的观点和众包参与的特点，提出城乡规划众包参与的态度测度变量包括公众对城乡规划公众参与的价值认同状况、社会关怀态度，特别是针对ICT技术与工具价值的公众认可态度（见表3.15）。

表3.15　城乡规划众包参与的态度测度表

对城乡规划公众参与的价值认同	市民应多参与地方或社区事务，以加强对社区与城市的认同感
	城市规划是政府的事情，也是我的事
	市民对城市公共服务设施不仅有使用权，也可以提出要求或建议
	政府或社区针对公共事务组织的听证会等活动，我认为是有意义和有必要的
	公众参与是法律赋予市民的权利和义务
对城乡规划公众参与的社会关怀	关怀社会不仅是政府也是市民的责任
	个人的行为选择不仅考虑个人利益，也需要考虑社会的整体利益
	经社区共同决定的事务，即使我不喜欢也应该遵守
	不论是城市还是乡村，生态环境与生活品质都应受到大家关注
	城市建设管理也应该关注弱势群体
对ICT技术与工具价值的认可态度	互联网为公众参与提供了新的技术与机遇
	网络媒体的快速发展，提升了我对城市规划的关注和参与程度
	政府应当利用社交媒介等新技术促进公众参与
	比起传统纸质媒介，我更愿意进行使用网络参与
	智能手机的使用促进了我对城市规划的了解与参与

（资料来源：作者整理）

二、城乡规划众包参与的需求与动机

1. 城乡规划众包参与的需求分析

当前，在我国经济快速发展与社会转型的双重推动下，居民的社会需求逐步呈现出新的发展趋势和内容构成,从而对城市生产和服务供给提出了新的挑战。随着我国社会消费从生活必需品向耐用消费品时代的转变,人们的消费需求弹性相对增加,个体的需求判断依据从传统较单一的收入水平扩展至支出预期、消费心理、群体偏好、社会舆论、供给条件等多项因素,增加了需求表达的动态不稳定性。

我国的城乡规划工作面对不断发展中的社会需求,一方面缺乏足够的关注,另一方面在相关的研究方法上,也缺乏系统完善并及时更新的理论指导和技术支撑,规划者往往采用封闭式的数据分析,将规划对象简单臆断为理想的同质个体,而忽视其复杂的现实社会属性和个人差异。因此,关于社会需求的理论研究逐渐进入规划者的视野,参考刘佳燕(2006)等学者关于个体—社会需求的研究①,从个体的“感受需求”“表达需求”和社会的“相对需求”“规范需求”来阐述众包参与领域的社会—个体需求内涵(见表3.16)。

表3.16　城乡规划社会—个体需求理论

个体需求	社会需求
“感受需求”:相当于“希望(want)”是基于个体内在感觉的需求判断。通常通过社会调查中对研究对象的询问,获得此类需求信息。可为规范需求提供不同对象关于需求的主观评价及其之间的差异性。	“相对需求”:以类似特征群体为参照系,对象的供给条件低于一般水平为需求判定的前提或最低需求的延伸。在规划中,有助于根据类似人群已接受服务情况对规划对象进行服务需求评估,或对新供服务的需求水平进行预测。
“表达需求”是感受需求转化为外在行动要求的需求,类似于经济原理中的“要求(demand)”,即假设提高供给价格或增大支付代价,需求规模将相应降低。适用于对现有有限资源的配置和调整,实践工作中,服务供给机构多采用等候名单的形式测度未满足的表达需求的规模。	“规范需求”:行政、专业人员或学者依据专业知识、标准或社会共识界定的需求。对于规划工作的主要意义在于提供易量化的特定目标,局限性体现在可能因价值判断或标准不同而因人因时发生改变。

(资料来源:作者参考文献整理,刘佳燕:《面向当前社会需求发展趋势的规划方法》,《城市规划学刊》2006年第4期)

① 刘佳燕:《面向当前社会需求发展趋势的规划方法》,《城市规划学刊》2006年第4期。

从社会的发展来看，公共决策行为从被动转向主动是一个必然趋势，公众参与的广度、深度和范围也正呈现一种深化、扩大的趋势。众包参与的出现正是顺应这一潮流，但同时也应看到，公众参与决策过程是一种个人偏好的表达途径，是实现个人需求或利益的实现方式。不可忽视个人的偏好是有差异的，因为个体的偏好取决于个人所处的社会环境及影响。众包参与的过程可以说就是不同价值观、不同偏好竞争表达的过程。如果决策只是注重一种声音而忽略了其他人的偏好，无疑这种政策是不完善的。在决策过程中，要充分考虑个人的偏好差异，最大限度地吸引不同阶层、不同职业、不同学历、不同年龄的人参与。

在本研究中，关注公众的个人社会属性，包括性别、年龄、职业、教育背景、工作内容、收入状况、工作—居住区域、通勤工具等因素；考量个人的社会属性与态度认知及参与动机的关系及其对参与意愿的影响。在此还特别考量是否具有城市规划相关教育或工作背景这一因素。

2. 城乡规划众包参与的动机分析

关于个人参与城乡规划活动的动机因素研究，本书借鉴理性行为理论、计划行为理论、合理行为理论、技术接受模型等社会心理学模型里的测度变量，将城乡规划众包参与的动机因素分为源于内在因素的自我效能变量和迫于外在压力的行为规范变量（见表3.17）。自我效能主要从个人期望、价值获取、便利条件等因素考虑①，包括参与后自我价值的实现、参与活动的趣味性、参与过程的便利性等。行为规范则是考量社会压力和受到他人的影响作用，从影响力的大小依次为应他人要求、受到社会环境压力、受到亲友的言行影响、听从他人建议、仅仅是跟随他人行为。

① Techatassanasoontorn A A，Tanvisuth A.，"The Integrated Self-Determination and Self-Efficacy Theories of ICT Training and Use：The Case of the Socio-Economically Disadvantaged"，*Temp. intl & Comp.l.j*，Vol.70，No.8，2008，pp.311–333.

人们过往的“经验”也是行为决策的重要因素①，在此除了考察参与者的参与经验外，还测度了参与者拒绝参与城乡规划相关活动的因素，从组织方（信息发布不够广泛、没有接收到相关资讯、双方缺乏有效沟通、缺乏便捷的参与方式与工具）和参与方（我不知道如何参与、相关术语和提问很难理解、工作太忙没有时间）两方面因素进行测度，这也为参与效果的评估提供信息。

应对众包参与的信息化特点，特别测度了相较于传统的参与方式，公众选择网络在线参与模式的原因，具体包括使用在线参与方式能够更容易获得信息和提交反馈意见、能够节约时间、减少交通出行，更有趣味性等。

表 3.17　城乡规划众包参与动机测度表

自我效能（内在因素）	请问您关注或参与城市规划活动的主要原因/动机？	我认为参与其中能保护我的个人利益
		参与活动后我能被更多的人认识，增加人气
		我能学到新的知识与技能
		我觉得参与这项活动很有趣
		自我表达与人际交流的需要
		我想和大家一起努力，贡献自己的一份力量
		参与后会得到小礼物或报酬
		有新奇或者吸引人的理念
		参与过程简单，工具操作方便
行为规范（外在因素）		应他人要求
		受到社会环境压力
		受到亲友的言行影响
		听从他人建议
		仅仅是跟随他人行为

① Venkatesh, Khan A, Patil S, et al., “Integrated management of bacterial wilt of potato under rainfed situation of Hassan, Karnataka”, *Potato Journal*, 2003.

续表

拒绝参与的因素	请问您拒绝关注或参与城市规划活动的主要原因?	我不知道如何参与
		相关术语和提问对我而言很难理解
		工作太忙没有时间
		信息发布不够广泛,没有接收到相关资讯
		双方缺乏有效沟通
		缺乏便捷的参与方式与工具
对ICT的价值判断	相较于传统的公众参与方式,您选择网络在线参与的主要原因?	更容易获得信息
		更容易提交反馈意见
		节约时间
		减少交通出行
		更有趣味性

(资料来源:作者整理)

三、城乡规划众包参与的行为与意愿

1. 城乡规划众包参与的行为分析

公众参与的行为主要是指公众在参与公共事务上的实际行为表现,是公民意识的落实与实践(萧扬基,2000;张智全,2003)。关于公众参与行为的内容和维度,学者们有着不同的见解。Christy(1987)通过对公众参与的行为差异研究,将公众参与行为类型分为:选举活动、信息交流活动、非常规性政治参与、公共性活动及接触性活动①。王家英(1999)将香港市民的公众参与行为分为对时事的关心、对社会义务工作的参与、对政治的参与三类。本书结合城乡规划活动的内容和众包参与的特点,从参与的方式、参与主题、参与媒介、参

① Christy A A,Velapoldi R A,Karstang T V,et al.,"Multivariate calibration of diffuse reflectance infrared spectra of coals as an alternative to rank determination by vitrinite reflectance",Chemometrics & Intelligent Laboratory Systems,Vol.2,No.1,1987,pp.199-207.

与设备、参与频率几个方面对公众过去的参与行为进行测度(见表3.18)。

表3.18　城乡规划众包参与行为测度表

<table>
<tr><th rowspan="2">参与的方式</th><th rowspan="2">参与的主题</th><th rowspan="2">参与的媒介</th><th colspan="2">网络参与</th><th colspan="2">参与频率</th></tr>
<tr><th>网络平台</th><th>设备</th><th>关注</th><th>反馈</th></tr>
<tr><td>您曾经参与城市规划活动的主要方式?</td><td>您曾经参与城市规划活动的内容与类型?</td><td>您曾经主要通过哪种媒介/渠道参与城市规划活动?</td><td>如果您是通过网络参与,请问是使用的哪种网络平台?</td><td>如果您是通过网络参与,请问使用的哪种设备?</td><td>请问您关注城市规划新闻与活动的频率?</td><td>请问您对城市规划新闻与活动予以反馈的总次数?</td></tr>
<tr><td>公众告知
公众热线
公众信箱
书面调查
网络问卷
在线留言
座谈会
听证会
论证会
方案咨询会
设计竞赛
方案投票
其他</td><td>城市总体规划
城市分区规划
道路交通规划
绿地空间规划
居住区规划
基础设施规划
生态环境保护规划
防灾与安全规划
历史文化保护规划
建筑设计
景观设计
其他</td><td>电视
广播
电话
报纸
信件
会议
电脑
手机
其他</td><td>门户网站
政府官网
专业软件
公众平台
微博
微信
腾讯QQ
其他</td><td>台式电脑
便携式笔记本电脑
iPad
手机
其他</td><td>每天至少一次
每周1—6次
每月1—3次
每年1—11次
总共不超过3次
从未关注过</td><td>1次
2—5次
6—10次
10次以上
从未反馈过</td></tr>
</table>

(资料来源:作者整理)

参与的方式涵盖公众告知、公众热线、公众信箱、书面调查、网络问卷、在线留言、座谈会、听证会、论证会、方案咨询会、设计竞赛、方案投票等。

参与的主题针对城乡规划的不同内容和类型,包括城市总体规划、城市分区规划、道路交通规划、绿地空间规划、居住区规划、基础设施规划、生态环境保护规划、防灾与公共安全规划、历史文化保护规划、建筑设计、景观设计等。

参与的媒介涵盖了各种参与渠道,既包括传统的电视、广播、电话、报纸、信件,也包含当前主要使用的电子终端设备电脑和手机。

针对网络参与的人群深入了解使用何种网络平台(门户网站、政府官方网站、专业软件、公众平台、微博、微信、腾讯 QQ)和终端设备(台式电脑、便携式笔记本电脑、iPad 等平板电脑、智能手机)进行城乡规划公众参与活动。

同时对公众参与行为的频率也进行测度,包括关注信息(信息输入)行为频率和反馈(信息输出)行为频率。

2. 城乡规划众包参与的意愿分析

行为意愿(意向)是指个人对于采取某项特定行为的主观几率的判定,它反映了个人对于某一项特定行为的行动意愿(Fishbein & Ajzen,1975),行为意向是影响行为最直接的因素(Icek Ajzen,1988)。

对于城乡规划众包参与的意愿,本研究从城乡规划活动和 ICT 参与工具两个方面来测度。在城乡规划活动方面,主要考量公众在城市规划的尺度、内容和流程上是否出现参与意愿的差异化。在 ICT 工具选择上,则从参与的渠道、媒介、设备、深度等角度考量(见表 3.19)。

表 3.19　城乡规划众包参与意愿测度表

城乡规划			在线参与方式			
参与的范围	参与的内容	参与的阶段	参与的媒介	参与的平台	参与的设备	参与的层次
区域规划 总体规划 分区规划 居住区规划	用地功能分区 土地利用布局 综合交通规划 绿地空间规划 历史文化保护 市政设施规划 生态环境保护	编制启动阶段 现状调研阶段 方案征集阶段 方案论证阶段 方案确定阶段 方案实施阶段 监督检查阶段	电视 广播 电话 报纸 信件 会议 网络	门户网站 政府官网 专业软件 微博 微信 腾讯 QQ	台式电脑 手提电脑 平板电脑 智能手机	在线发布 在线调查 在线论坛 在线服务 在线会议 在线投票

(资料来源:作者整理)

本章小结

本章为本研究中研究框架设计和理论模型构建部分,从城乡规划公众参与的组织方和参与方两个视角,构建基于政府主导视角的“自上而下”城乡规划公众参与众包机制,以及基于公众个体视角的“自下而上”公众参与行为动机与意愿偏好理论模型。基于政府主导视角的城乡规划众包参与机制的构建内容包含众包参与的主体与对象、参与的内容与范围、参与的方式与平台、参与的层次与效力、参与的过程与结果五个方面。基于公众个体视角的城乡规划众包参与行为选择理论模型则从公众对城乡规划众包参与的认知与态度、需求与动机、行为与意愿来研究。基于政府主导视角的众包参与机制和基于公众个体视角的参与行为选择模型共同促进众包参与模式在城乡规划领域中的有效组织与实施。

第四章　研究设计

根据研究框架和理论模型进行研究设计，选择研究方法开展调研和实验设计，获得相关数据。针对公众参与中不同的参与对象与主题，采取不同的研究方法，具体包括访谈法、问卷调研法和软件开发。

第一节　访谈设计及研讨

访谈法是社会调查研究中最重要的调查法之一，由访谈者根据调研目的，按照采访提纲或问卷，通过个别或集体交谈的方式，系统而有计划地收集资料。访谈法具有如下特点：(1)具有认识社会的广泛性。通过直接接触与面对面的交谈来获取信息，因而能够比各种间接方法了解到更多、更具体和更真实的社会情况。(2)具有研究问题的深入性。由于访谈时访谈者与被访谈者单独接触，不仅可以了解到“是什么”，而且还可以进一步了解到“为什么”，通过反复交流可以使访谈不断深入，从而发现社会现象之间的因果联系和内在本质，达到对研究问题的深刻认识。(3)调查资料收集的可靠性。访谈者可以直接观测到被访谈者的各种反应辅以判断被访谈者回答问题的真实程度与完整程度，从而增加资料收集的可靠性与真实性。(4)调查方式的灵活性与可控性。可以根据不同的访问对象、调查环境、调查内容以及访谈过程中的实际问题，随时调整调查方式，控制调查进程，有针对地开展调查，提高调查效果。

一、访谈方式选择

社会调查中常用的访谈法有很多，按照调查者对访谈结构的控制程度，可分为结构式访谈、无结构式访谈、半结构式访谈。

结构式访谈也称标准化访谈（Standardized Interview），是指访谈者根据已拟定的访谈提纲，按相同的方式和顺序向受访者提出相同的问题。因此，结构式访谈中整个访谈是得到严格控制和标准化的，是对访谈过程高度控制的一种访问。结构式访谈的最大优点是访谈过程处于高度的控制之中，因此应答率和回收率都较高，而且访问结果便于量化。

无结构式访谈又称非标准化访谈（Unstructured Interview）、深度访谈、自由访谈或开放式访谈，对于提问的方式和顺序、回答的记录、访谈时的外部环境没有统一要求，不依照固定的访问顺序进行访谈，可根据访谈过程中的实际情况做各种安排。无结构式访谈鼓励受访者自由表达自己的观点，具有较强的灵活性，但费时费力且结构不完整，难以量化。

半结构式访谈又称半标准化访谈（Semi-structured Interviews），虽然事先已拟好访谈提纲和主要问题，但在访谈时具体如何发问，则根据当时的情景灵活决定，因此也给被采访者留有较大的表达自己想法和意见的余地，并且访谈者在进行访谈时具有调控访谈程序和用语的自由度。半结构式访谈兼有结构式访谈和非结构式访谈的优点，既可以避免结构式访谈的呆板，缺乏灵活性，也可以避免非结构式访谈的费时费力，容易离题等问题。

在本研究中，主要采取半结构式访谈和无结构式访谈。根据不同的访谈对象和采访流程，选用不同的访谈方式，包括客观陈述式访谈、深度访谈、集体访谈（头脑风暴法、德尔菲法）等。

为了全面了解城乡规划领域众包参与的情况，本研究选取公众参与的组织方、公众参与的参与方、技术支持方以及专家作为不同的访谈对象采取不同形式的访谈,具体内容如表4.1。

表4.1 城乡规划众包参与研究访谈设计

访谈形式	访谈对象	访谈内容(武汉市)	访谈内容(神农架林区)
客观陈述式访谈	公众参与组织方	1. 武汉市城乡规划主管部门在城乡规划管理过程中公众参与的工作状况 2. 武汉市城乡公众参与活动的主要平台和渠道 3. 传统公众参与渠道和网络新平台的差异性 4. 武汉市众包参与活动的案例及概况 5. 未来城乡规划公众参与的发展前景与难点	1. 神农架林区城乡规划管理过程中公众参与的基本情况 2. 神农架林区城乡公众参与活动的主要平台和渠道 3. 传统公众参与渠道和网络新平台的差异性 4. 引入云平台和众包手机APP之后,对神农架林区城镇建设管理的影响 5. 未来城乡规划公众参与的发展前景与难点
客观陈述式访谈	技术支持方	1."众规武汉"系统平台的功能与模块 2."众规武汉"工作模式与技术需求 3."众规武汉"后台数据管理	1. 软件开发的内容与模块 2. 众包数据采集的实现 3. 软件设计中的关键技术 4. 试运营和推广 5. 众包APP发展前景与难点
深度访谈	市民	1. 对城乡规划的了解和认知 2. 过往的参与行为 3. 参与的方式、内容、渠道 4. 参与的动机 5. 参与的意愿	1. 对城乡规划的了解和认知 2. 过往的参与行为 3. 参与的方式、内容、渠道 4. 参与的动机 5. 参与的意愿
头脑风暴法	公众参与组织方	武汉市城乡规划众包参与的平台组织与机制构建	神农架智慧规划管理众包平台组织与系统设计
德尔菲法	专家组	武汉市城乡规划众包参与行为选择意愿测度指标	神农架众包平台模块内容

(资料来源:作者整理)

二、客观陈述式访谈

客观陈述式访谈是让访谈对象客观地陈述对自己和周围世界的认知。这一类型常用于了解有关组织、群体客观事实及访谈对象的主观态度。访谈者从简短的提问开始,通过不断追问,获得深入详细的回答,并使回答者能够自由地探出其最深层的主观思想。访谈者从访谈对象那里获得客观资料再进行加工,形成对这些资料的某种解释。

本研究中客观陈述式访谈的对象主要是城乡规划活动的组织方和技术支持方。城乡规划领域众包活动的组织方一般是指城乡规划主管部门,针对本研究的研究区域,选取了武汉市城乡规划主管部门(武汉市国土资源规划管理局、武汉市编制研究与展示中心、武汉市规划院数字中心)的工作人员、神农架林区规划局和城建局的相关工作人员以及众包平台的研发和管理人员作为访谈对象。访谈的内容包括城乡规划主管部门在城乡规划管理过程中公众参与的主要工作状况;城乡规划公众参与活动的主要平台和渠道;众包参与活动的案例及概况;未来城乡规划公众参与的发展前景与难点。详细访谈提纲见附录 1。

三、深度访谈

深度访谈又称临床式访谈,它是为搜集个人特定经验的过程、动机及其情感资料所作的访谈,目前广泛用于有关个人行为、动机、态度等深入调查。本研究中深度访谈的对象为众包参与的参与方,也就是公众。针对本书的研究区域,主要采访对象为武汉市市民和神农架林区市民。

这一阶段的访谈目的主要是了解市民对城乡规划公众参与的基本情况,作者选取了武汉市中心城区 30 名居民和神农架林区松柏镇 15 名居民,以提问和交流的方式为主,了解他们对城乡规划的基本认知情况,比如城乡规划的作用和内容;之前有没有参与过相关的活动;如果参与过,参与体验是什么,采用何种参与方式,参与内容,参与渠道;若未参与过,主要的原因是什么;面对不同的规划内容和参与工具,您的参与意愿如何。通过对这些问题的深入了解和展开,也得到了大量意外信息,为后续的详细问卷设计提供了很好的一手材料。详细访谈提纲见附录 1。

四、集体访谈

集体访谈也称会议调查法，就是调查者邀请若干被调查者通过集体座谈方式或集体问答方式搜集资料的调查方法。集体访谈在实施过程中最常见的两种方法是“头脑风暴法”与“反向头脑风暴法”。“头脑风暴法”，就是让人们自由地发表意见，相互交流、讨论甚至争论以激发思想的交锋来获取信息的方法；“反头脑风暴法”又称为“德尔菲法”，是以集体访谈为基础的预测性调研方法。

本研究采用头脑风暴访谈法，分别与武汉市城乡规划公众参与的组织方共同讨论城乡规划众包参与的平台组织与机制构建情况；与神农架林区城乡规划管理单位及众包平台技术支持方共同讨论神农架智慧规划管理众包平台组织与系统设计相关情况。具体安排如表 4.2 所示。

同时，本研究还采用德尔菲法，德尔菲法是一种反馈匿名函询法，在对所要预测的问题征得专家的意见之后，进行整理、归纳、统计，再匿名反馈给各专家，再次征求意见，再集中，再反馈，直至得到一致的意见。

本研究中通过逐轮征求指导教师组专家、政府管理人员、行业从业人员、课题组成员对武汉市城乡规划众包参与行为选择意愿问卷设计和神农架众包平台模块内容的意见，并对预测指标进行赋权打分，帮助选择最具有代表性的变量，具有很强的权威性和参考价值。

表 4.2　城乡规划众包参与头脑风暴的基本情况

	武汉案例	神农架案例
目标	讨论武汉市城乡规划众包参与的平台组织与机制构建	讨论神农架智慧规划管理众包平台组织与系统设计
时间	2016 年 7 月 15 日	2016 年 7 月 20 日
地点	武汉市江岸区三阳路 55 号城乡规划编制研究与展示中心会议室	神农架松柏镇林区住建委办公大楼综合会议室

续表

	武汉案例	神农架案例
参与人员	武汉市国土资源规划管理局工作人员、武汉市编制研究与展示中心“众规武汉”策划人员、武汉市规划院数字中心“众规武汉”后台管理人员、武汉市规划院神农架松柏镇总体规划项目组人员、国家科技支撑项目“小城市(镇)组群智慧规划建设和综合管理技术与示范”团队成员,共计18人	神农架城乡规划局工作人员、神农架城市管理局工作人员、湖北省基础地理信息中心工程师、武汉市规划院数字中心工作人员、神农架松柏镇、木鱼镇工作人员、国家科技支撑项目“小城市(镇)组群智慧规划建设和综合管理技术与示范”团队成员,共计25人
工作流程	1. 主持人简要介绍本次讨论的目标,引出城乡规划众包参与的主题 2. 让参会人员自由表达自己的观点 3. 对所有提出的观点进行记录和编制列表 4. 找出重复或互为补充的设想 5. 形成基本统一的结论	

(资料来源:作者整理)

第二节　问卷设计及数据

通过上述对武汉市和神农架林区两个研究区域城乡规划公众参与的组织方、参与方的访谈研讨,以及对市民公众参与行为的深度了解,需要在研究区域武汉市进行深入详细的问卷调查,调研公众参与的行为、动机与意愿偏好。

一、问卷类型

问卷调查法因其能够适应现代社会的发展变迁和现代技术手段的应用要求,成为社会调查和社会研究中最有效和最常用的方法之一。通过文字发问的形式获得有关社会受众日常生产生活的第一手资料,再通过数据处理和分析,探寻社会生活的客观规律,为研究者建构和验证理论提供有力保障。问卷调查具有针对性、统一性、灵活性、匿名性、高效性等特征。

由于问卷调查者的调查目的、调查内容和调查方式等不同,调查问卷的类型也不相同,各有优缺点。(1)根据使用问卷的方法和答题方式,可分为自填式问卷和访问式两类。其中自填式问卷是指调查者把问卷发给目标群体,由应答者自己填写问卷。而访问式问卷则是由调查者早已准备好的问卷或问卷提纲,向应答者提问的形式进行填写。(2)根据问卷发放的形式,可分为送发式问卷、报刊式问卷、邮寄式问卷、电话访问式问卷、网络问卷等。(3)根据问卷中题型的类型,可分为封闭式问卷和开放式问卷。封闭式问卷就是答案已拟定好,由应答者进行选择性回答;而开放式问卷则是没有固定的答案,完全由应答者根据自己的理解进行填写。

本研究中采用自填式问卷的方式,以网络发放为主,完成封闭式问卷的回答。

二、问卷的设计原则与过程

问卷设计的合理性和质量直接关系到整个调研的效果,是数据准确性和能否解释研究问题的关键之所在,直接影响数据的真实性、实用性和回收率①。相关学者(李俊,2009;胡凯,2012)指出问卷设计的原则:第一,系统性,遵循整体到部分与部分到整体的原则,即在整体研究框架拟定的前提下开始问卷题项的设计,再由问卷题项衔接到整个框架。第二,方便性原则。在形式上要便于受访者接受和答题,同时在语言和表达上要容易被受访者理解,在设计过程中需要从受访者的角度出发,使得他们愿意配合调查并顺畅地完成问卷。第三,科学性原则。根据统计分析的需要,在问卷设计时便需要考虑研究假设在问卷中将如何去体现和认证。第四,严谨性原则。整个调研过程需要严谨,在提出研究假设后围绕所调查问题对调查对象进行初步分析,问卷设计中也需要遵循相关指标,然后初步调研测试并调整,严密组织调查问卷的发放

① 风笑天:《有关问卷设计的几个问题》,《统计与决策》1987 年第 Z1 期;李俊:《如何更好地解读社会?——论问卷设计的原则与程序》,《调研世界》2009 年第 3 期。

和收集。第五，趣味性原则，通过多样的答题形式和生动的语言增加答题者的兴趣和注意力。①

根据以上主要原则，本研究在问卷设计中注意了以下几项：

充分阅读国内外文献对公众参与、在线参与等相关内容的变量测试方法，在研究框架下对每一部分研究内容的测试题项进行模拟和筛选。

本研究由多学科背景的学者共同组成学术研讨小组予以指导，共同对每一个测度条目的合理性和准确性进行研讨和语句的斟酌。在设计过程中还深度访谈了有公众参与经历和无公众参与经历者，有城乡规划专业背景和无城乡规划背景者共15人，根据访谈情况和被试反应调整问卷。在问卷测试阶段，发放不同教育背景的人群予以测试，并听取他们的反馈意见，确保不同属性的被试者对问卷表述的理解基本一致。

在问卷的排序上，依照时间顺序，从过去的参与行为到当前的态度认知再到未来的参与意愿，循序渐进。在问题的难度上遵循先易后难的原则，对于相同性质或同类问题集中排列，使得被被试者在答题过程中思路清晰，以获得尽可能正确的信息。本问卷的前半部分以事实判断题为主，难度较大的正交实验设计放置在最后一部分，让被试者在充分了解问卷内容的基础上再做专业度较高的正交设计测试选项。

本研究的问卷设计工具，采用了荷兰社会科学研究领域常用的网上问卷调查系统 Berg Inquiry System 2.2，该在线系统不仅可以完成常规的状态—偏好设计，还可以处理多维组合的正交实验设计，有利于统计结果的分析。

总而言之，在综合参考多方面意见的基础上形成了初始问卷，并对初始问卷进行测试，根据测试的信效度检验结果进行修正，最终形成了正式问卷。

三、变量选择及定义

根据研究框架，本研究在调查问卷中需要测度的关键变量包括公众参与

① 胡凯：《浅谈社会科学方法中的问卷设计技术》，《甘肃科技》2012年第11期。

的认知与态度、公众参与的动机、城乡规划公众参与的意愿、ICT 在线参与的意愿和个人基本属性。各变量的测试题目主要来源于:其一,国内外经典成熟的问卷,已被多次测度证实具有较高的信度和效度;其二,参考文献中相关的量表作为参考,结合本研究内容予以借鉴和修正;其三,依据调研和访谈结果;其四,根据相关理论和模型予以参考。

在变量的尺度测度上,除了传统的单选多选外,对于连续型变量采用目前主流的李克特 R.A.Likert 量表,根据受试者对于问题的态度予以 7 个尺度的量化,对每一项赋予同等的数值,所有项目的分数综合高低代表了个体在连续函数或量表上的位置①。相比传统是与否的简单选择,心理学家认为 7 等尺度量表可以进一步增加变量的变异性和区分度,也更能考察被试者的真实情况。因此在本研究问卷中,连续尺度变量部分均采用七等尺度进行测度。例如在态度认知部分,依次从负面态度完全不赞同、不赞同、较不赞同,到中立态度不清楚,再到积极态度较赞同、赞同、非常赞同。在参与意愿部分,也将选项分为以下 7 等:非常不愿意、不愿意、较不愿意、不确定、较愿意、愿意、非常愿意。

四、问卷内容

按照研究框架和行为—时空逻辑关系,问卷分为 9 个板块,主要内容如下:

第一部分,在线新闻关注情况。调查被试者对网络新闻的日常关注情况,从获得的渠道、关注频率、关注时长、认可度、关注程度等方面来考量。

第二部分,对城乡规划公众参与的认知状况。从三个方面来测度:被试者对城乡规划公众事务属性的认知;对城乡规划公众参与的权利与义务的认知;以及对实现城乡规划公众参与的条件与保障的认知。

---

① Likert R A.,"A technique for the development of attitude scales",*Educ and Psych Measurement*,1952,No.12,pp.12-313.

第三部分,对城乡规划公众参与的态度状况。从三个方面来测度:被试者对城乡规划公众参与的价值认同;对城乡规划社会关怀的态度;以及针对 ICT 信息通信技术,作为新的参与工具与途径,被试者对其的态度与接受状况。

第四部分,城乡规划公众参与行为。调查被试者以前的城乡规划参与活动,包括参与的主要方式、参与的内容与类型;参与的媒介/渠道;如果是通过网络参与,参与的平台和设备;以及参与活动后的反馈状况。

第五部分,武汉市城乡规划平台的参与状况。调查被试者关注或参与城市规划主要来源于武汉市的何种媒介或渠道。选取了武汉市当前城乡规划领域的主流媒体进行测度,具体包含报纸类、电视类、网站类、专业软件类、微信公众号以及新浪微博官方账号。

第六部分,城乡规划公众参与的动机。这部分考察三个问题:一是参与城乡规划活动的主要原因,参考计划行为理论的相关因素,从个体内在出发的"自我效能"和外在影响的"行为规范"两方面来测度。二是调查拒绝参与的因素。三是相较于传统的公众参与方式,调查被试者选择网络在线参与的原因。

第七部分,城乡规划公众参与的意愿。从城乡规划活动与 ICT 在线参与两方面来考量。城乡规划部分考量对规划尺度的参与意愿;对不同规划尺度的参与意愿;对不同规划内容的参与意愿;对规划流程不同阶段的参与意愿。ICT 参与部分,考量公众参与的媒介、渠道、设备和方式。

第八部分,基于 SP 实验设计的多维度城乡规划在线意愿。选取"规划尺度""规划流程""规划内容""参与途径""参与方式"五个属性的四个维度进行正交设计,测度在不同情境下被试者的参与意愿。

第九部分,个人信息。个人基本属性是被试者在人口统计学意义上体现的不同差异。本研究个人属性部分包括:性别、年龄、教育背景、职业、工作内容、收入水平、居住时间、活动范围、通勤工具等。

问卷详细内容见附录 2。

五、问卷发放步骤

本研究于2016年11月和2017年1月进行了两轮在线问卷调查。

第一阶段为测试部分,选取"城乡规划公众参与态度"部分于2016年11月11日至15日通过Berg Inquiry System 2.2在线问卷系统进行初步发放与测试,有156人次点击和填写问卷系统,但完成的有效问卷为103份。然后进行预测试的信效度分析并调整相关选项。

第二阶段为正式发放部分,修订后的正式问卷于2017年1月20日至2月10日,通过Berg Inquiry System 2.2在线问卷系统采取对武汉市中心城区及远城区市民随机和分层抽样相结合的方式以进行数据采集。在问卷调查在线系统中,有502人点击了此问卷,335人进行了回答,216人完成了所有问题。因此我们认为216份样本是有效的(N=216)。在问卷的正交实验设计中,受访者从128个假设情况中回答了8个问题,因此共有1728个样本(N=1728)。

六、预测试及样本检验

本研究于2016年11月在武汉市进行了小样本的预测试调研。测试选取"城市规划公众参与的态度倾向"作为测试内容(见表4.3)。调研对象采用立意抽样和便利抽样相结合的方法。共计有156人次填写问卷系统,但是按照以下标准剔除了无效问卷:一是答题不完整者;二是答题应付者,比如全篇都选择一个选项;三是恶意作答,前后矛盾者;四是大量选择不确定者。基于以上原则,最终得到有效问卷103份。

测试问卷的内容如下:

尊敬的市民,您好!

这是一份关于城市规划公众参与的学术问卷,目的在于了解市民对城市规划公众参与的感受与态度。请根据您的认知与理解,选择您的认可程度。(-3=完全不同意;-2=不同意;-1=较不同意;0=不确定;1=较同意;2=同意;3=完全同意)

表 4.3　测试题项

选项	题项	认可程度
Q1	市民应该参与地方或社区事务,以加强对社区与城市的认同感。	-3;-2;-1;0;1;2;3
Q2	城市规划是政府的事情,也是我的事情。	-3;-2;-1;0;1;2;3
Q3	市民对城市公共服务设施不仅有使用权,也可以提出要求或建议。	-3;-2;-1;0;1;2;3
Q4	政府或社区针对公共事务组织的听证会等活动,我认为是有意义和有必要的。	-3;-2;-1;0;1;2;3
Q5	公众参与是法律赋予市民的权利和义务。	-3;-2;-1;0;1;2;3
Q6	不论是城市还是乡村,生态环境与生活品质都应受到大家关注。	-3;-2;-1;0;1;2;3
Q7	关怀社会不仅是政府也是市民的责任。	-3;-2;-1;0;1;2;3
Q8	个人的行为选择不仅考虑个人利益,也需要考虑社会的整体利益。	-3;-2;-1;0;1;2;3
Q9	经社区共同决定的事务,即使我不喜欢也应该遵守。	-3;-2;-1;0;1;2;3
Q10	城市建设管理更应该关注弱势群体。	-3;-2;-1;0;1;2;3
Q11	网络媒体的快速发展,提升了我对城市规划的关注和参与程度。	-3;-2;-1;0;1;2;3
Q12	市民关心城市规划的程度越高,越能促进社会的民主化。	-3;-2;-1;0;1;2;3
Q13	作为有社会责任感的市民,需要关注城市建设发展的最新进展。	-3;-2;-1;0;1;2;3
Q14	市民有责任参与当地的城乡规划活动。	-3;-2;-1;0;1;2;3
Q15	市民有责任主动监督和举报城乡规划违法行为。	-3;-2;-1;0;1;2;3

(资料来源:作者整理)

样本统计结果如表 4. 4、图 4. 1 所示，大部分被试者对城乡规划的态度持正面回应。

表 4.4　测试统计结果

选项	Q1	Q2	Q3	Q4	Q5	Q6	Q7	Q8	Q9	Q10	Q11	Q12	Q13	Q14	Q15	次数	占比(%)
完全不同意-3	1	0	0	0	0	0	0	0	1	1	0	0	0	0	0	3	0. 0019
不同意-2	3	2	1	0	1	0	1	0	0	0	0	3	0	2	0	13	0. 0084
较不同意-1	2	2	0	2	2	0	1	0	3	3	3	2	2	2	0	24	0. 0155
不确定 0	3	6	1	5	8	3	8	5	13	7	10	16	6	9	6	106	0. 0686
较同意 1	16	13	7	7	7	3	8	9	26	17	14	21	20	26	15	209	0. 1352
同意 2	31	40	40	39	31	20	35	43	37	36	42	27	37	31	42	531	0. 3437
完全同意 3	47	40	54	50	54	77	50	46	23	39	34	34	38	33	40	659	0. 4265

（资料来源：作者根据 spss 统计结果整理）

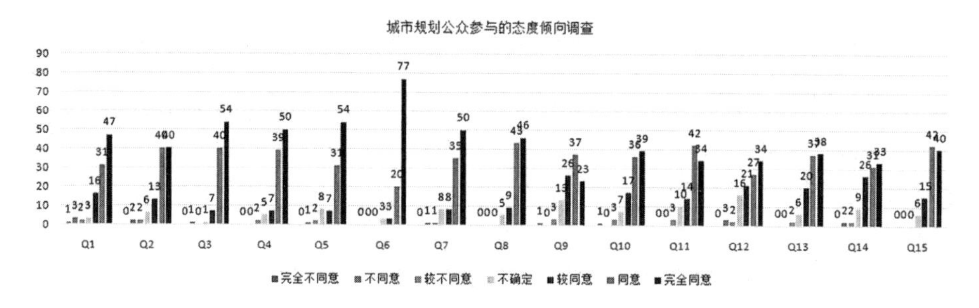

图 4.1　测试统计结果图示

（资料来源：作者根据 spss 统计结果整理）

信度分析（Reliability analysis）是问卷分析的第一步，也是检验该问卷是否合格的标准之一。目前最常用的是 Alpha 信度系数，如果量表的信度系数在 0. 9 以上，表示量表的信度很好。

测试结果显示信度分析的 Alpha 整体值为 0. 991，并且每个题项 Alpha 值都在 0. 98 以上，表示该量表信度较好，符合问卷调查。

表 4.5　信度分析结果表

Item-Total Statistics

	Mean if Item Deleted	Variance if Item Deleted	Corrected Item-Total Correlation	Cronbach's Alpha if Item Deleted
Q1	206.0000	62656.333	0.984	0.989
Q2	206.0000	62703.333	0.988	0.989
Q3	206.0000	60435.333	0.981	0.989
Q4	206.0000	61260.000	0.986	0.989
Q5	206.0000	61669.667	0.964	0.990
Q6	206.0000	59432.000	0.837	0.993
Q7	206.0000	61755.333	0.986	0.989
Q8	206.0000	61302.667	0.987	0.989
Q9	206.0000	65705.333	0.802	0.992
Q10	206.0000	63275.333	0.991	0.989
Q11	206.0000	63425.667	0.954	0.990
Q12	206.0000	65271.000	0.929	0.991
Q13	206.0000	63168.000	0.977	0.990
Q14	206.0000	64722.667	0.919	0.990
Q15	206.0000	62270.000	0.983	0.989

（资料来源：作者根据 spss 统计结果整理）

七、正式调研及样本概况

正式调研于 2017 年 1 月 20 日开始，2 月 10 日结束，为期 20 天。调研对象为武汉市中心城区和远城区的市民。问卷通过 Berg Inquiry System 2.2 采取在线网络调研的方式，问卷的抽样方式是随机抽样和分层抽样相结合的方法。一方面，通过社交网络转发问卷链接由被试者自主填写；另一方面，根据地区、年龄、教育水平等因素进行分群分层抽样，使得抽样样本在人口特征上尽量与母本接近。从问卷调查在线系统中，我们可以看出有 502 人点击了此问卷，335 人进行了回答。在剔除问卷答题不完整或者胡乱填写的样本后，获得了有效问卷 216 份（N = 216）。另外，在问卷的第八部分，我们采用了正交实验设计的方法，受访者从问卷系统随机列出的 128 个假设情况中回答 8 个问题，因此共有 216×8＝1728 个样本（N＝1728）。

在对抽样调查样本进行人口统计特征分析之后，对比《武汉市统计年鉴2015》母本中的人口、年龄、职业等基础资料，我们发现样本在性别、收入、区域分布、工作类型等属性上基本与武汉市母本一致。但是在年龄、受教育水平和职业这三个属性上，与母本的分布状况差异较大。因此，我们对样本数据进行了权重（weight）处理，使其在人口特征上尽量与母本接近。

为了方便后期分析结果更为清晰，对人口属性的选项进行了部分合并和调整，最终样本人口统计特征如下。被试者男女性别比例基本 1∶1 平衡。在年龄方面，由于考虑公众参与的本研究的专业性和被调研者的识读能力，本阶段仅针对年满 18 岁以上的成年人进行问卷调研，统计结果显示 18—30 岁的青年人占比 23.2%，31—60 岁的中青年为被试者主体，占 55.1%，60 岁以上的老年人的比重为 21.7%。59.7%的被试者的受教育程度为高中及以下，40.3%为本科及以上。在被试者的职业构成中，管理和技术人员比重为 34%，普通职员和商服人员为 29%，学生和退休人员分别为 16.3%和 10.6%。关于工作内容，调研结果显示 47.5%的受访者与城乡规划建设管理的内容有关，但是大部分被试者（52.5%）没有任何关联。收入水平也呈现出不同的分布状况，低于 3000 元/月为 23.5%，3000—5000 元/月为 22.1%，主要群体集中在 5000—10000 元/月（39.2%），超过 10000 元/月的只有 15.2%。大部分被试者居住时间在 5—10 年（44.9%），居住时长少于 5 年为 31.5%，多于 10 年的为 23.6%。我们也调研了工作和居住区域，将武汉市域范围划分为中心城区和远城区：中心城区是指江岸区、江汉区、硚口区、汉阳区、武昌区、青山区、洪山区，远城区是指东西湖区、汉南区、蔡甸区、江夏区、黄陂区、东湖开发区、经济开发区，主要被试者都在中心城区（79.8%和 75.8%）。通勤工具也是考量特征之一，统计结果显示，公共交通为最主要的通勤工具（公共汽车 21.7%和地铁 26.3%；其次是私家车，占比 30%；步行随后 10.1%）。

正式问卷的信度检验依然采用 Cronbach's 信度检测，用 Alpha 信度系数来考量可靠性和稳定性。本研究对正式问卷进行信度分析，测度变量的整体 Cronbach's alpha 值为 0.973，说明该测度量表具有较高的信度。

表 4.6　样本的人口统计特征

统计内容	类别	比重(%)
性别	男	49.5
	女	50.5
年龄	18 岁以下	0
	18—30 岁	23.2
	31—60 岁	55.1
	60 岁以上	21.7
受教育程度	高中及以下	59.7
	本科及以上	40.3
职业	管理和技术人员	34.0
	普通职员和商服人员	29.0
	学生	16.3
	退休人员	10.6
	其他	10.1
工作内容	与城乡规划建设管理相关	47.5
	与城乡规划建设管理无关	52.5
收入状况	3000 元/月以下	23.5
	3000—5000 元/月	22.1
	5000—10000 元/月	39.2
	10000 元以上	15.2
居住时长	5 年以下	31.5
	5—10 年	44.9
	10 年以上	23.6

续表

统计内容	类别	比重(%)
工作区域	中心城区	79.8
	远城区	20.2
生活区域	中心城区	75.8
	远城区	24.2
通勤工具	公共汽车	21.7
	地铁	26.3
	出租车	2.3
	私家车	30.0
	电动车	1.4
	自行车	2.8
	步行	10.1
	其他	5.4

注:Cronbach's alpha = 0.973。
(资料来源:作者根据 spss 统计结果整理)

八、数据统计分析方法

1. 回归分析

在本研究中,需要研究公众参与的意愿与规划参与的内容、阶段、方式等变量之间的相互关系,因此,选择回归关系中的线性回归分析作为本研究的数据统计分析方法之一。

回归分析(Regression Analysis)是一种统计学上分析数据的方法,目的在于了解两个或多个变量间是否相关、相关方向与强度①,并建立数学模型以便

① Cohen, J., Cohen P., West, S.G., & Aiken, L.S., "Applied multiple regression/correlation analysis for the behavioral sciences", *Hillsdale*, NJ: Lawrence Erlbaum Associates, 2003.

观察特定变量来预测研究者感兴趣的变量①。线性回归(Linear Regression)是利用回归分析来确定两种或两种以上变量间相互依赖的定量关系的一种统计分析方法②。

2. 结构方程模型

由于公众参与的动机来自多方面原因,对不同类型的城乡规划活动也存在着不同的参与意愿,因此我们选择了结构方程模型来予以分析。

结构方程模型(Structural Equation Modeling,SEM)是一种多变量的数据统计分析方法,通过变量的协方差矩阵来分析变量间关系的模型。它融合了传统多变量统计分析中的“因素分析”与“线性模型之回归分析”两种统计技术,将一些无法直接观测而又欲研究探讨的变量作为潜变量,通过一些可以直接观测的变量来反映这些潜变量,从而来建立潜变量之间的结构关系,是一种从微观个体出发探讨宏观规律的数学统计方法。结构方程模型从 20 世纪 80 年代开始广泛应用于经济学、心理学、社会学、管理学等领域的研究。

第三节　软件设计及推广

应对本书研究范围神农架地区居民点离散式地域分布、交通欠发达、管理和专业人员不足等现状特点,本研究借助移动终端特点和众包参与模式,进行众包软件 APP 的设计与应用,衔接云平台管理系统,帮助当地用户使用智能手机等移动终端采集并上传违法用地、违法建设等众源数据,多方位实时监督城镇建设用地和建设工程,为城乡规划和综合管理提供服务。

---

① 韦斯伯格、Weisberg、王静龙、梁小筠等:《应用线性回归》,中国统计出版社 1998 年版。

② 张日权、王静龙:《部分线性回归模型的 M 估计》,《应用数学学报》2005 年第 1 期。

一、移动端软件设计原则

1. 内容优先，布局合理原则

对于手机而言，屏幕空间资源显得非常珍贵，为了提升屏幕空间的利用率，界面布局应以内容为核心，而提供符合用户期望的内容是移动应用获得成功的关键。如何设计和组织内容，使用户能快速理解移动应用所提供的内容，使内容真正有意义，这是非常关键的。主要有以下三点：充足内容，使内容符合移动的特征；优先突出用户需要的信息，而简化页面的导航；适时提升屏幕空间的利用率。

2. 输入方式简化原则

文字输入是移动端的软肋之一，不管是手写输入还是键盘输入，操作效率都相对较低。在行走或者单手操作时，输入的出错率也比较高。参考的改进方法有以下三点：减少文本输入，转化输入形式；简化输入选项，变填空为选择；使用手机已有的传感器输入。

3. APP 产品易操作性原则

对于移动产品，提倡的是简单、直接地操作，倾向于清晰地表达产品目标和价值。让用户快速学会使用，尽量不要让他们查看帮助文档。界面架构简单，明了，导航设计清晰易理解，操作简单可见，通过界面元素的表意和界面提供的信息就能让用户清晰地知道操作方式。

4. 界面设计必须交互友好

评价一个移动产品用户体验的好坏，除了要看它是否满足用户需求和是否基于友好的可用性之外，能让用户感受到惊喜是在移动产品设计最为推崇的。

这样的设计往往是超越了用户的期望,它的表现是功能、交互或者操作流程虽不是用户预期的,但是用户能很好地理解,并且更高效、更有趣地完成任务。

二、功能模块设计

总体设计:用户在领取众包任务后,即可在众包的基础上共同进行数据采集、数据更新以及数据质检任务。从而将在众包环境下采集到的质量较高的众源数据上传至服务器,最终发送至发布数据需求的人员手中。

在满足以上需求的情况下,本系统分为五大模块(见图 4.2),包括:(1)任务管理模块;(2)数据采集模块;(3)数据更新模块;(4)质检模块;(5)用户管理模块。其中,任务管理模块提供用户浏览已经发布的三类众包任务,并查看任务信息的功能;用户管理模块提供用户注册、用户登录、用户自身积分管理以及查看系统公告与论坛交流的功能;数据采集模块、数据更新模块与质检模块分别对应数据采集任务、数据更新任务以及数据质检任务,用户在各模块下可进行种类不同的众包任务。

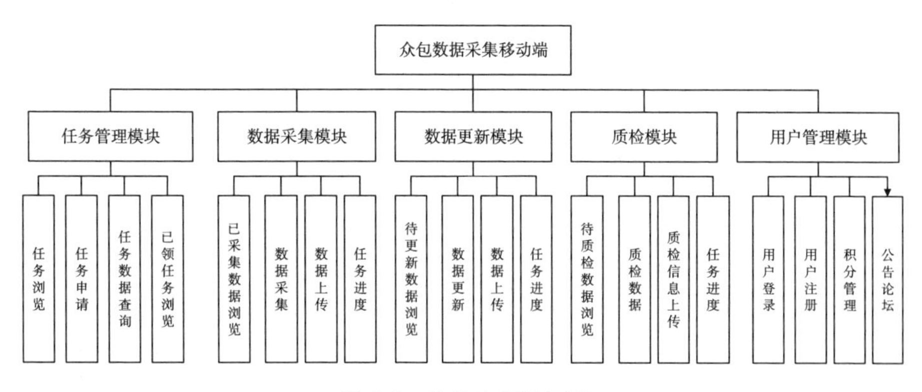

图 4.2　软件功能结构图

(资料来源:作者绘制)

三、系统流程设计

本系统在进行众包数据采集时主要以众包任务的形式组织,一次完整众包数据的采集流程需要与云平台 PC 端的任务管理系统进行良好的对接。

完整的众包数据采集流程:(1)数据采集任务发布、多用户领取数据采集任务、进行数据采集任务;(2)质检任务发布、多用户领取质检任务、多用户领取质检任务、进行质检任务、PC 端质检结果审核;(3)根据任务发布者需求确定是否需要发布数据更新任务,如需要则发布与进行数据更新任务。系统业务流程见图 4.3,其中实线框中为移动端的业务流程。

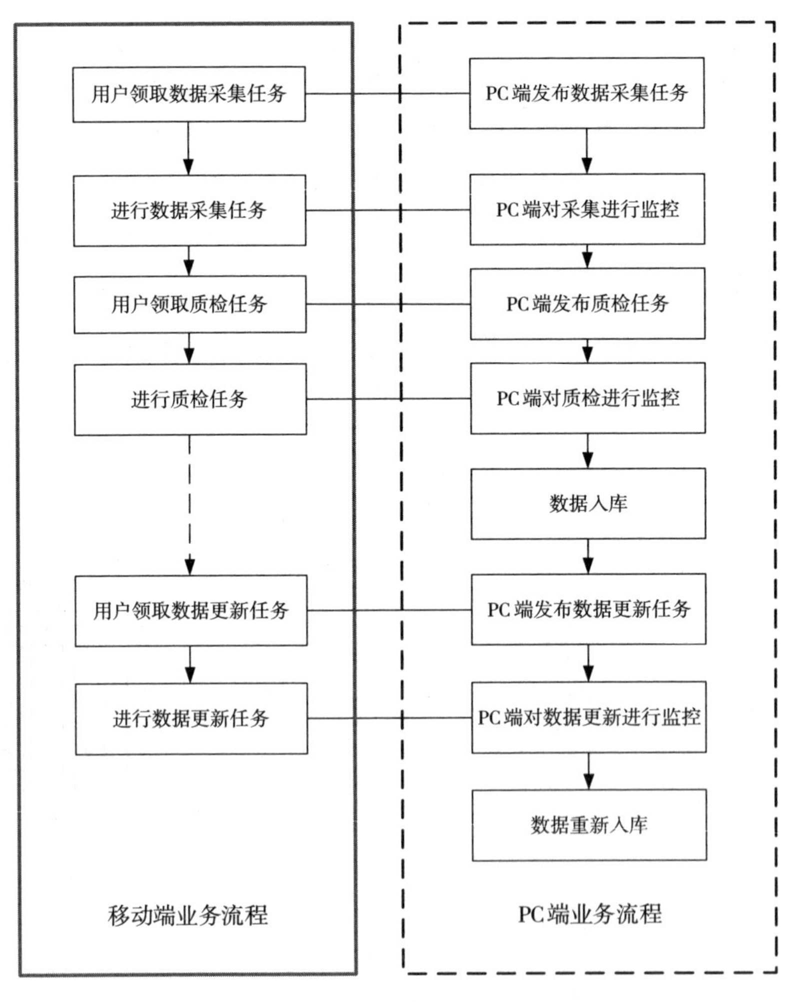

图 4.3　业务流程图

(资料来源:作者绘制)

四、模块界面设计

1. 用户管理模块流程设计

用户管理模块提供用户注册、用户登录等基本功能。此外,还提供管理用户积分、记录用户已领取任务、查看公告信息以及进入论坛交流的功能。其中的用户注册登录流程如图 4. 4 所示。

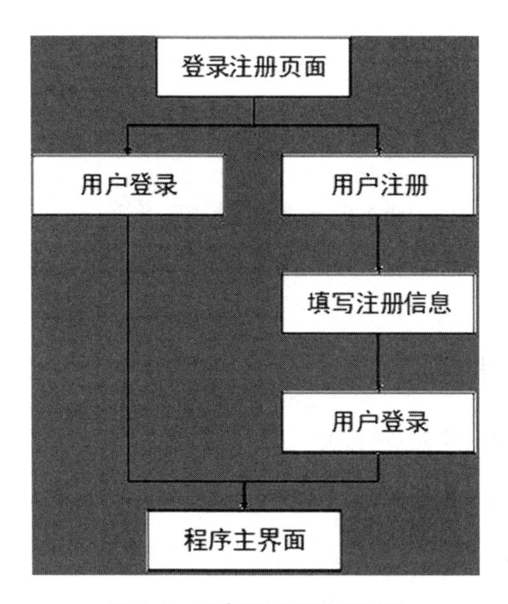

图 4. 4　用户注册登录流程图

(资料来源:作者绘制)

2. 任务管理模块流程设计

在任务管理模块下,用户可以浏览自身可以领取到的所有任务,并点击查看这些任务的详情信息,在详情页面可以申请该任务,申请成功后即可在已领任务下进行该任务,其中,任务管理模块流程见图 4. 5。

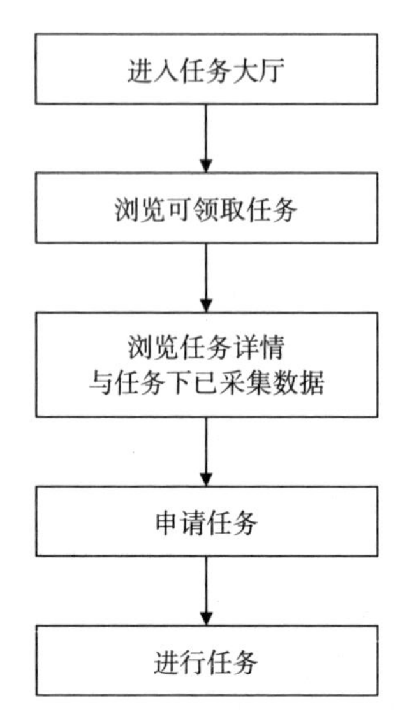

图 4.5　任务管理模块流程图

（资料来源：作者绘制）

3. 数据采集模块流程设计

数据采集模块对应任务管理模块中的数据采集任务，在该模块下，多个用户在已领取的数据采集任务下同时进行众包数据采集，包括数据的位置、文本描述信息、图片信息等。并且实时上传基本描述数据，包括该 POI 数据名称、位置以及描述信息，所有数据上传至服务的一个临时数据库，由服务器根据数据库中的信息判断用户实时采集的数据是否已被采集，以保证数据采集效率与质量。此外，用户在进行数据采集之前也可以通过查看其他用户已经采集的数据，防止自己采集已经被采集过的数据，以提高数据采集的效率。任务采集模块业务流程见图 4.6。

4. 质检模块流程设计

质检模块对应任务管理模块中的数据质检任务，在该模块下，多个用户对

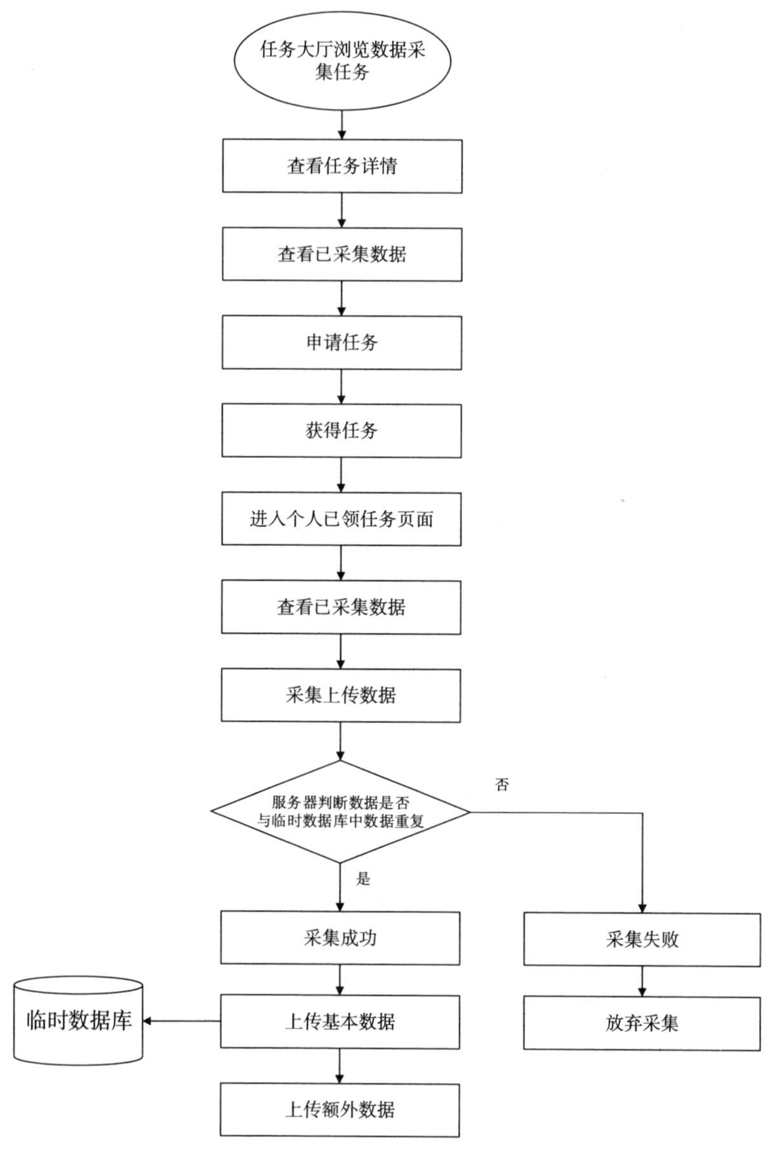

图 4.6 数据采集流程示意图

(资料来源:作者绘制)

已领取的数据质检任务同时对已有众包数据进行质检,包括数据的位置、文本描述信息、图片信息等。判断标记数据是否合格,并将个人质检上传至服务器端。

质检方案流程:服务器接收到采集的众包数据时,将未审核的众包数据发布为质检包,多个质检人员可同时申请获得质检任务,对质检数据进行质检,服务器端人员根据移动端质检意见待检查数据正确性。即分为两级质检,其中,一级质检仍采用众包方式,以非专业的大众用户为主体,由具有专业知识的管理员进行引导;二级质检以具有专业知识的管理员主体,对一级质检结果进行审核。多级质检方案如图 4.7 所示。

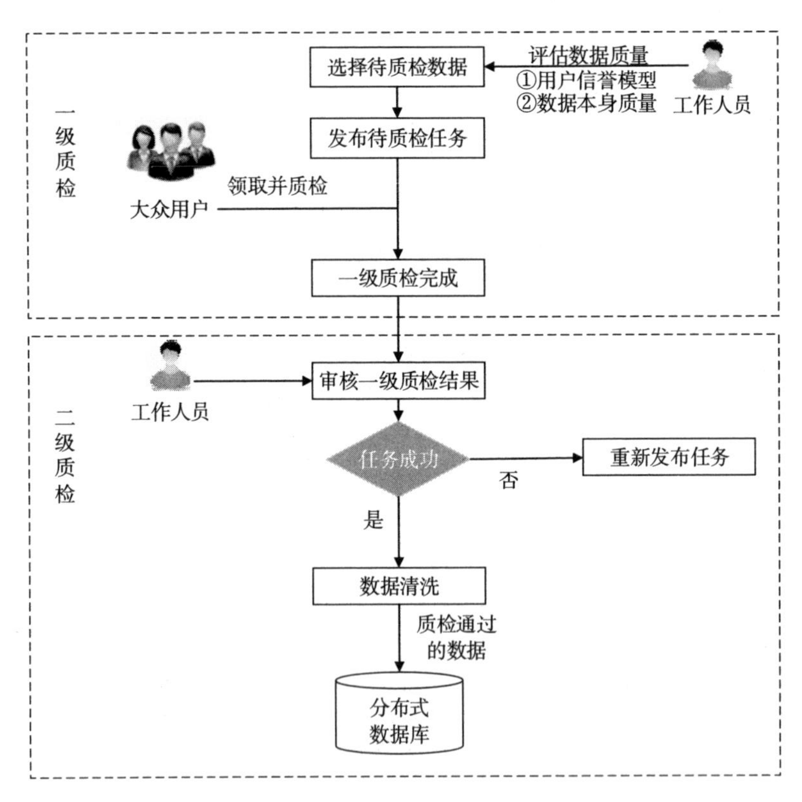

图 4.7　质检方案示意图

(资料来源:作者绘制)

五、系统推广

由于公众参与软件和系统的主要用户对象为公众,公众的了解和使用程度严重影响公众参与的效果。因此,本书选择路演的方式进行软件宣传和系统推广。

路演(Roadshow)是指在公共场所进行演说、演示产品、推介理念,及向他人推广自己的公司、团体、产品、想法的一种方式。通过现场演示的方法,引起目标人群的关注,让他们产生兴趣,最终达成销售。路演有两种功能:一是宣传,让更多的人知道你;二是可以现场销售,增加目标人群的试用机会,让更多的居民下载和使用。同时采用宣传单页、铺货、陈列等方式进行宣传和推广。

由于城乡规划的专业性,除了公众之外,软件维护和后台管理人员也需要进行专业培训,通过现场演示和集中学习对城乡规划管理工作人员进行培训。

本章小结

本章节主要介绍了本研究的研究方法与设计步骤,包括访谈法、问卷调研法和软件设计。

在访谈设计中首先根据访谈对象和访谈内容的不同选择适合的访谈方式,具体包括客观陈述式访谈、深度访谈、集体访谈(头脑风暴法、德尔菲法)。

对公众参与的组织方和技术支持方主要采用客观陈述式访谈,选取了武汉市城乡规划主管部门的工作人员、神农架林区规划局和城建局的相关工作人员以及众包平台的研发和管理人员作为访谈对象,访谈的内容包括城乡规划主管部门在城乡规划管理过程中公众参与的主要工作状况;城乡规划公众参与活动的主要平台和渠道;众包参与活动的案例及概况;未来城乡规划公众参与的发展前景与难点。

深度访谈的对象为众包参与的参与方,具体为武汉市市民和神农架林区居民,对他们的个人行为、动机、态度等进行深入了解。

在集体访谈中采用头脑风暴法,分别与武汉市城乡规划公众参与的组织方共同讨论城乡规划众包参与的平台组织与机制构建情况;与神农架林区城乡规划管理单位及众包平台技术支持方共同讨论神农架规划管理众包平台组织与系统设计相关情况。

同时还采用德尔菲法,逐轮征求专家组成员对武汉市城乡规划众包参与行为选择意愿问卷设计和神农架众包平台模块内容的意见,并对预测指标进行赋权打分。

在问卷设计中,首先介绍了问卷的类型、问卷设计的原则与过程、变量的测试题目的来源;其次根据城乡规划众包参与理论模型进行问卷内容设计;随后开展了问卷测试,并对测试结果进行样本检验;再次进行正式调研和检验,以及人口统计特征分析;最后对后续数据统计方法(线性回归分析和结构方程模型)的适用性进行了介绍。

本研究还进行了众包软件 APP 的设计,首先介绍了基于移动终端的软件设计原则;设计了任务管理模块、数据采集模块、数据更新模块、质检模块、用户管理模块五大模块;分别详述移动端和 PC 端的业务流程;以及各个模块的界面设计;最后选择路演作为软件宣传和系统推广的主要方式。

第五章　案例分析一：大城市城乡规划众包参与平台、行为、动机及意愿研究

——以武汉市为例

本研究中选择湖北省武汉市作为大城市区域尺度的案例研究代表。关于选择的缘由：一方面，是近年来武汉市经济快速发展，诸多建设项目存在公众参与的实际需求，以减少邻避现象的出现；另外全市范围内的三旧（旧城、旧厂、旧村）改造等大量存量规划项目也需要大量的公众参与。另一方面，是因为武汉市城乡规划在线公众参与工作成绩突出，发展位于全国前沿，从传统媒介到新媒体，城乡规划在线公众参与平台网络建设发展迅速，并且成功举办了一系列具有影响力的实践活动。

通过对武汉市城乡规划行政主管部门的访谈调研和对市民的问卷调查，本章节重点评价武汉市城乡规划众包参与平台搭建与组织工作；分析武汉市城乡规划公众参与的行为特征；分析武汉市民对城乡规划公众参与的认知与态度、参与的需求与动机；进行了公众参与动机与城乡规划参与意愿的研究、公众对信息技术的态度认知与在线参与意愿的关系研究；基于 SP 实验设计的城乡规划在线参与意愿调查分析。

第一节　武汉市城乡规划众包参与平台搭建与组织

一、武汉市城乡规划公众参与平台简述

近十年来，随着武汉市智慧城市——“智慧武汉”的大力投入和建设，以及市民主人翁意识的增强，城乡规划在线公众参与平台得到了飞跃式的突破。特别是城乡规划主管部门高度重视城乡规划的公众参与工作，通过不断探索和实践逐步建立了分阶段、多层次、多元化、多渠道的公众参与模式和完善的公众参与机制①，贯穿规划活动的不同阶段，采取不同的措施来引导组织公众参与，辅助和完善规划方案与实施，取得了较好的成效。除了传统的报纸、电视等参与媒介，各类网站、移动终端、社交平台等新型参与模式获得蓬勃发展，极大丰富了市民的参与渠道，提升了市民参与城乡规划建设的积极性。武汉市城乡规划公众参与平台分类总结如表5.1。

表5.1　武汉市城乡规划公众参与平台

报纸	电视	网站	官方微博	微信公众号
楚天都市报 长江日报 武汉晚报 武汉晨报	新闻类节目 生活类节目 文化类节目 科技类节目 专题类节目 广告类节目 电视问政	新浪、搜狐等门户网站 武汉市人民政府网站 智慧武汉 国土资源和规划局网站 武汉市其他政府部门网站 房地产相关网站	武汉国土规划 武汉发布 武汉城管	武汉国土规划 众规武汉 武汉规划公示 武汉城市研究网络 武汉地理 武汉规划展示馆 2049城市沙龙 武汉市土地市场网

（资料来源：作者整理）

① 武汉市国土资源和规划局：《我局举办〈规划公众参与的理论、方法与实践〉学术讲座与交流会》，2017年8月15日。

二、网站参与平台

政府网站是政务公开的主要网络渠道，涵盖政府管辖的各个方面，城市建设管理也是其中的内容之一。以武汉市人民政府网站为例，设立了“政务公开”“办事服务”“互动交流”等栏目。其中“重点领域信息公开”对保障性住房和征地拆迁予以专栏介绍；“办事服务”设有关于建筑城建的在线查询和申报窗口；“互动交流”则设置了市长信箱、投诉平台、部门咨询、市民留言、在线访谈、民意征集等通道供市民参与。

“智慧武汉”是武汉市国土资源和规划局官方网站，也是市民参与城乡规划活动的主要平台。整个网站建设分为“政务公开”“网上办事”“信息服务”三个板块。在公众参与的阶段中，“政务公开”以信息告知为主；“网上办事”主要提供在线办理行政手续，“信息服务”则为在线咨询和互动。

三、微博参与平台

微博，是一种基于用户关系的信息分享、传播以及获取的 SNS 平台，用户可以用 140 字以内的文字更新信息，并实现即时分享。自 2010 年微博问世以来，官方微博成为各级政府部门实现电子政务的主要发布渠道，武汉市城乡规划主管部门于 2012 年开通了武汉国土规划腾讯官方微博以及武汉国土规划新浪官方微博。

武汉国土规划腾讯官方微博自 2012 年 4 月 10 日开通以来，截至 2017 年 9 月 21 日，共发表博文 1733 条，拥有听众 33431 人，收听 67 人。武汉国土规划新浪官方微博开通于 2012 年 5 月 4 日，截至 2017 年 9 月 21 日，发布博文 1789 条，粉丝 33958 人，关注 49 人。博文以发布规划公示内容为主，转发相关内容为辅。

四、微信公众号参与平台

近几年来，微信平台已经逐步取代微博，成为最重要的新媒体平台。各种微信号每天都推送大量文章，已经成为人们获取资讯的第一渠道。武汉市国土规划管理部门也与时俱进，相应开通了诸多微信公众号，关于城乡规划领域的微信公众号主要包括武汉国土规划、众规武汉、武汉规划公示、武汉城市研究网络、武汉地理、武汉规划展示馆、2049城市沙龙、武汉市土地市场网等。

手机等移动终端的便携实用促进微信的广泛使用，参与方式也更为便捷。相较于微博，微信不仅可以获取信息，更能直接参与规划管理工作。以微信公众号武汉国土规划为例，除了可以在信息咨询中获得相关资讯，如工作动态、通知公告、政策法规、征地拆迁、土地整治等信息；还可以点击主页面中的“办事服务”专栏，进行工作办事指南、办事地点、进度查询、不动产定位、不动产进度和结果等查询活动。微信公众号武汉规划公示则提供了规划草案、建设项目和市政项目的批前公示，以及对“一书两证”选址意见书、用地规划许可、建设工程规划许可的批后公布查询。微信公众号武汉地理则可以查询旅游景点、菜市场地图、渍水点地图，并对问题地图进行上传纠错。微信公众号武汉城市研究网络是武汉市在地高校和科研机构共享资源、交互信息的平台。这些微信公众号从不同的角度提供公众参与的多元渠道和平台。

五、“众规武汉”平台

“众规武汉”是武汉市国土资源和规划局主创的大众规划工作平台。平台基于“众包、众筹”理念，秉承人民城市人民建的宗旨，在城乡规划建设领域，搭建一个由社会大众、专业机构共同参与的众人规划平台，扩大规划编制工作过程中的可参与化。在本研究中，通过与“众规武汉”组织运营的武汉市国土资源和规划局、武汉市规划编制研究中心、武汉市规划研究院相关工作人员进行半结构式访谈，对“众规武汉”平台的建设背景、工作模式、活动案例、实施效果等予以详细了解和分析总结。

1. 建设背景

在当前信息通信技术蓬勃发展的互联网时代,利用信息通信等新技术进行信息传播、沟通交流成为各行各业都在研究的课题。通过新媒体可以实现政府、公众、规划师之间的在线交流、网络互动,增强公众参与,提升规划品质。为了探索基于互联网技术和众包模式的规划编制工作的新思路和新方法,武汉市开展了规划编制"众规"开放平台的建设,以创新规划师和市民共同参与的规划编制模式。利用互联网和大数据技术,建立一个直接面向国内外所有社会公众,提供平等对话、交流互动,能够实现真正意义上的公众参与和大众规划的技术平台。以开放、平等、包容的精神,通过公开征集公众意见,了解公众需求,在规划编制过程中增加"公众参与、公众规划、公众使用"的广度及深度。

"众规武汉"开放平台于 2015 年 1 月开始试运营,确立了"三个平台、一个窗口"的功能定位。三个平台分别是"规划编制过程的公众参与平台""规划师与社会各界交流的新媒体平台"和"规划信息发布的新媒体平台"。一个窗口则是"社会公众了解规划的窗口"。

"规划编制过程的公众参与平台"颠覆以往编制工作审批后再公之于众的工作模式,为公众提供在规划编制过程中的实时参与。"规划师与社会各界交流的新媒体平台"搭建了规划师与社会各界之间的在线学习交流平台。"规划信息发布的新媒体平台"则提供了在线查看城市用地现状、规划方案公示等规划信息的移动平台。"社会公众了解规划的窗口",是从规划师的专业视角,解读规划设计方案的来由,为社会各界了解城市规划理念打开一扇窗。

"众规武汉"筹建人员表示,建立"众规武汉"开放平台的目的:一是希望通过众筹智慧,了解关键人群和社会大众对问题的不同看法,辅佐规划设计人员作出合理的设计方案,以解决实际问题;二是监督规划实施的过程,提高规划实施和修改的效率。

2. 工作模式

“众规武汉”以“一张底图、众人规划”的众规概念开启了全国规划行业公众参与的首创。“众规武汉”平台的定位是面向全社会开放的武汉城乡规划工作的公众参与平台。受众主要包括规划行业群体以及关心城市规划建设的社会大众。一方面规划行业群体在平台上不定期发布武汉市重点规划建设动态、相关规划成果，吸引社会公众对规划工作的关注；另一方面采用“众规”方式征集规划设计团队开展规划设计工作。发布的信息内容面向专业和非专业人士，通俗简洁，图文并茂，易于理解。

“众规武汉”公众平台采用“微信+网页+GIS”的技术路线，充分利用微信、网页、GIS 各自的技术特点实现优势互补，综合使用。公众通过台式电脑、平板电脑、智能手机等多种终端设备随时随地参与其中。为了方便公众的参与，众规武汉在武汉市人民政府网站、国土规划局网站等多个网站的互动交流频道可直接点击链接。

“众规武汉”开放平台技术框架下的微信平台作为网络平台衍生出的新媒体形态，具有信息传播的交互性与即时性，海量性与共享性等优势，拥有非常广泛的用户基础。开通短短两年多时间，已有 2 万多名用户关注，并位于湖北省电子政务微信公众号关注度前列。

在技术操作层面，“众规武汉”平台分为三个模块：微信应用及后台管理模块、门户网页模块、信息更新维护模块。首先由运营单位武汉市规划研究院信息中心向腾讯公司申请以政府为主体的微信公众号，审核通过之后完善微信菜单、自动回复、投票以及信息发布等功能，并将微信端搜集的信息统一存放在数据库中与电脑端进行同步。微信作为消息推送的载体，后台还需要有网站的支撑。因此搭建了“众规武汉”的门户网站，包含的新闻、留言、投票、图片等信息，与“众规武汉”微信公众号的推送消息保持同步。门户网站包括微网页和电脑网页两部分，电脑网页可用微信二维码扫描登录，同时电脑网页还应支持用户注册后进行登录，并可将用户注册信息与微信用户信息进行绑定。

3. 众包参与活动案例

自“众规武汉”开放平台建成以来，举办了一系列的公众在线参与活动，比如“东湖绿道规划”“我身边的停车场”“华农片区规划工作坊”“记忆地图”等项目。本节分别选取了以社会大众为参与主体的“东湖绿道规划”案例和以规划相关群体为参与主体的“华农片区规划工作坊”案例予以详细解析。

活动一：武汉东湖绿道众包规划

“众规武汉”环东湖路绿道实施规划是“众规武汉”网站（http://zg.wpdi.cn）开设以来，首个对公众开放的互动规划项目，成为全国首例在线征集公众意见的规划编制项目。依托“众规武汉”众包平台，将公众作为参与规划的主体，通过市民与规划师的协同作业，旨在实现专业化、人本化的东湖绿道系统规划。东湖是国内最大的城中湖之一，也是武汉市主城区最负盛名的生态景观之一。东湖绿道该绿道走向、出入口、休憩点和停车点设在哪里？绿色自行车借还车点如何设置？由公众来参与规划设计。登录“众规武汉”网站，进入“东湖绿道公众在线规划”，通过滑动鼠标滚轮，可随意放大、缩小地图，景区、沿线路名清晰可见。在地图上直接“下笔”，便可自由绘制自己喜欢的设施，以描线勾画、打点的方式绘制后保存上传即可。

项目主要分为三个阶段。第一阶段是规划建言，用户注册平台后，即可通过问卷调查，对东湖绿道的形象定位、功能智能、建设目标等提出意见和建议，并以文字形式上传至“众规武汉”平台。第二阶段是东湖绿道在线规划，通过使用平台提供的网页工具，用户可以在地图上描线勾画绿道线路，并对停车场、绿道入口以及休息驿站等服务设施进行布点，完成方案后保存并上传。第三阶段是绿道节点设计，即用户选择东湖路绿道的主要节点景观、驿站及相关附属设施节点进行方案设计，并以图片、矢量图的形式上传成果。自 2015 年 1 月 8 日项目上线以来，短短一个月的时间里，通过“众规武汉”开放平台“在线规划”模块，共收到来自公众提交的在线规划方案达 1600 多项。随后项目组进行了网评以及专家评选工作，挑选出匹配度较高的方案作为优秀方案并对作者予以奖励。

武汉东湖绿道系统规划将合作型和竞赛型众包应用于规划的不同阶段。其中，缺少专业知识和技术的普通用户主要参与到项目第一、第二阶段的合作规划中，而第三阶段主要由专业人士以及业余人士参与。通过面向不同背景的公众设置不同类型的参与形式，拓展了公众参与规划的范围与深度，将规划深刻植根于城市生活。

活动二:“众规武汉”华农三角地改造规划

华农三角地改造规划是“众规武汉”平台推出的又一个网上征集规划方案项目，众筹公众智慧和力量，寻找和培养未来设计大师，进一步推动规划编制从“专业规划”向“公众规划”转变，提升武汉规划建设水平。本次活动的目标人群主要是有专业背景的社会“人”和“团队”，包括大中专业机构才俊、小微机构主创、在校大学生、高校教师以及社会有志人士。

活动采取借鉴“O2O2O 模式”，互动形成“线上参与(online)—2—工作站深化(offline)—2—推广微信(online)”线上线下工作闭环工作路径。模式一：线上征集创意，后期由平台机构负责纳入规划方案。模式二：由实施主体参与，线上或线下参加，最终确定深化设计或实施机构。首先通过建立社群，发放基础资料、交流规划创意、自由组队、挖掘潜在规划合伙人。然后利用微信公众号，发表文章与公众互动、解答市民的相关问题。同时进行现场踏勘、与社区居民交流问答，推介众规武汉项目。并通过问卷调查，了解各方需求。最终进行方案评议，评议也采取“众评”的方式，创意阶段的评分规则采取线上公众投票和线下专家评选两个部分。其中，线上公众投票分数占总分的

35%,线下专家评分占总分的65%。在短短两个月的项目时间里,微信公众号的相关文章阅读量已超过2.7万,投票数超过1.8万票。

在与组织方的访谈中,也了解到本次活动线上工作的一些特点:

(1)参与团队结构:职业设计师为主导,占48%,大学生其次44%;

(2)团队专业背景:规划专业背景的参与人员占44%,建筑专业其次26%;

(3)总体年龄结构:"90后"居多59%,"80后"其次19%;

(4)项目获知渠道:关注公众号或朋友圈转发75%,口口相传15%;

(5)最佳参与时间:高校3—5月、9—11月;机构则为3—6月。

(6)机构意愿情况:中大型机构一般不鼓励员工参加,小微机构期待后续合作。

4. 经验总结与发展瓶颈

作为全国首个公众参与在线规划开放平台,"众规武汉"于2015年1月正式上线以来,取得了较大的社会影响,武汉地区乃至全国范围内诸多杂志和媒体都进行了专题报道。更为重要的是"众规"工作也得到公众的认可。以东湖绿道项目为例,平台访问量日均约360人次、微信访问量日均约100人次,市民通过在线开放平台提供了1680多个规划方案草图,征集的调查问卷500多份、公众建言260多条。

可以说"众规武汉"公众平台是一个公众与规划面对面的亲民、便民、利民的平台,开创了城乡规划公众参与的新模式。众规平台的建立使得公众参与的广度、深度和开放度更强。规划工作直接面向社会公众,不限职业、学历、资质等均可参加。初步实现了"一张底图,众人规划",公众与专业机构共同做规划。从"众规武汉"案例中,我们也看到众包公众参与模式增强了规划的科学性,更能体现以人为本的规划理念。使城市规划尽可能地体现和表达公众的意志,使得规划方案更科学,更贴合广大市民的需求,让规划成为全民的规划,让城市成为大家的城市。

当然,“众规武汉”开放平台作为一个初生的创新产物,在短时间内受到广泛关注之后,也遇到了一些发展瓶颈,要将其打造成一个具有持久生命力的可持续发展的传播载体和公众平台,还需要从上至下的共同努力。目前“众规武汉”面临的瓶颈主要体现在两个方面:一是规划专业人员对新媒体的兴趣和敏感性还有待提高,目前大部分规划从业人员还习惯于传统的工作模式,没有建立众筹智慧的思维方法。二是微信作为新媒体,在传统行业中的应用还不够广泛和深入,通过其采集的公众意见和方案样本量有限,不能完全代表最广大群众的利益和意愿。虽然新媒体的受众群体数量非常庞大,但若把它作为公众主动参与规划编制过程的主流工具,还需要一个互相适应的过程①。

第二节 武汉市城乡规划公众参与行为统计分析

在了解公众未来参与城乡规划活动的意愿之前,我们首先对公众过去的参与行为进行了分析,从以下几个指标来考察:参与的方式、参与的内容、参与的媒介、参与的平台以及参与频率。

一、参与方式分析

在诸多公众参与的形式中,我们选择了公众告知、公众热线、问卷调查、在线留言等当前最常使用的方式,了解被调查者在过去的参与行为。从表 5.2 统计结果可以看出“公众告知”“问卷调查”“方案投票”是受访者参与最多的三种方式。其中“告知”是公众参与最多的方式,占比 19%;其次是参与问卷

① 李斌:《网络共同体:网络时代新型的政治参与主体》,《中共福建省委党校学报》2006 年第 4 期。

调查，为17.5%；然后是10.4%被访者选择了方案投票。其他参与形式则呈散状分布，参与人员相对较少。

表5.2　公众参与方式统计结果

	类别	百分比
参与的方式	公众告知	19%
	公众热线	4.9%
	公众信箱	3.8%
	问卷调查	17.5%
	在线留言	5.1%
	座谈会	6.6%
	听证会	3.6%
	论证会	3.8%
	方案咨询会	6.8%
	设计竞赛	8.0%
	方案投票	10.4%
	其他	10.4%

（资料来源：作者整理）

二、参与内容分析

对于城市规划的主要内容，受访者也呈现出不同的参与行为。如下表5.3统计结果显示，城市总体规划是被调查者参与最多（13.2%）的规划内容，表明市民对未来城市发展的关注度较高；12.5%的被调查者选择了居住区规划，表明市民对自身居住环境的重视和追求；道路交通规划也是被调查者重点参与的内容，与人们的日常交通通勤紧密相关，所以参与度也较高。

表 5.3 公众参与内容统计结果

	类别	百分比
参与的内容	城市总体规划	13.2%
	城市分区规划	7.1%
	道路交通规划	10.0%
	绿地空间规划	7.5%
	居住区规划	12.5%
	基础设施规划	6.0%
	生态环境保护规划	5.6%
	历史文化保护规划	7.1%
	建筑设计	8.1%
	景观设计	7.9%
	其他	15.0%

(资料来源:作者整理)

三、参与媒介分析

在参与媒介的调查设置中,既包含了广播、电视等传统媒介,也含有电脑、手机等新技术设备。从表 5.4 统计结果来看,相较于传统公众参与媒介,更多的被调查者表明是通过手机、电脑、iPad 使用互联网来进行公众参与,其中使用手机参与的人员最多(25.3%),电脑其次(19.4%),但是传统媒介中“电视”(13.9%)依然是市民参与度较高的媒介之一,而广播、电话、信件则参与度极低,可以看出部分媒介即将被时代所淘汰。

表 5.4　公众参与媒介统计结果

	类别	百分比
参与的媒介	电视	13.9%
	广播	2.5%
	电话	2.5%
	报纸	6.5%
	信件	1.7%
	会议	7.6%
	电脑	19.4%
	iPad	12.4%
	手机	25.3%
	其他	8.2%

(资料来源:作者整理)

四、参与平台分析

面对基于互联网的公众参与平台,在此我们进行了渠道和载体的细分,具体包括门户网站、政府官方网站、专业软件、公众平台,以及主流社交网络微博、微信和 QQ。从表 5.5 统计结果来看,微信是被调查者最为主要的网络参与平台(24.5%);政府官方网站(15.2%)和门户网站(14.2%)也是重要的参与平台;还有 15.4%的被调查者通过公众平台参与。社交网络平台的微博和 QQ 比起微信平台,相对参加比例较低。专业软件由于对专业性的要求最高,所以公众参与度为最低(5.1%)。

表 5.5　公众参与平台(网络)统计结果

	类别	百分比
参与的平台(网络)	门户网站	14.2%
	政府官方网站	15.2%

续表

	类别	百分比
参与的平台（网络）	专业软件	5.1%
	公众平台	15.4%
	微博	7.9%
	微信	24.5%
	QQ	9.8%
	其他	7.9%

（资料来源：作者整理）

五、参与频率分析

我们将参与的频率也作为参与行为的量化指标之一，包括城乡规划相关内容的信息获取，对被调查者的参与次数进行统计，以及在公众参与之后的反馈情况，如提交信息之后的政府部门回复等。由表 5.6、表 5.7 统计结果我们可以得出，62.3%的被访问者表示至少每个月参与（关注）1 次，其中 23.3%的被访问者每天至少 1 次，22%每周至少 1 次。但是反馈的情况与参与度相比不尽如人意，47.7%的被访问者表示从来没有收到过反馈信息，17.4%的被访问者只收到过 1 次。

表 5.6　公众参与（关注）的频率统计结果

	类别	百分比
参与（关注）的频率	平均每天至少 1 次	23.3%
	平均每周 1—6 次	22.0%
	平均每月 1—3 次	17.0%
	平均每年 1—11 次	13.9%
	总共不超过 3 次	15.7%
	从未关注过	8.1%

（资料来源：作者整理）

表 5.7　公众获得反馈的频率统计结果

	类别	百分比
获得反馈的次数	1 次	17.4%
	2—5 次	21.6%
	6—10 次	7.8%
	10 次以上	5.5%
	从未反馈过	47.7%

（资料来源：作者整理）

六、参与平台分析

针对武汉市政府及相关部门提供的多层次多渠道的城乡规划公众参与平台，本研究也对市民的参与平台选择状况进行了调研。在调查问卷中，提出了"请问您关注或参与城市规划主要来源于武汉市的何种媒介或渠道?"的问题，并给出涵盖传统媒介和新媒体的主要平台，包括报纸类、电视类、网站类、专业软件类、微信公众号类、新浪微博类等几大类别以供选择，统计结果及分析如下。

1. 报纸类公众参与平台选择情况

参照武汉市主要报纸媒体的发行情况，选择了发行量较大的《楚天都市报》《长江日报》《武汉晚报》《武汉晨报》。如表 5.8 统计结果所示，总共有 53.4%的受访者表示报纸类别的参与渠道来自以上四种报纸，其中 29.9%的受访者选择是通过《楚天都市报》来进行参与。另外，还有 27.5%的受访者表示参与渠道来自其他报纸，以及 21.1%的受访者没有通过报纸类别的渠道参加过城乡规划与管理活动。

2. 电视节目类公众参与平台选择情况

电视节目类是公众参与信息获取阶段的重要渠道之一，当前主要的电视节目来源于新闻类、生活类、文化类、科技类、专题类及广告类。调研结果(见表5.9)显示,新闻类节目是电视节目中最为主要的信息获取与参与的栏目,43.1%的受访者表示通过新闻类节目来了解和参与规划管理活动,其他几类电视节目相较之下参与度不高,选择生活类、文化类、科技类、专题类、广告类这五类的总和仅为30.1%。另外,有10.8%的受访者选择了电视问政,电视问政栏目是武汉电视台的一档直播节目,其形式是通过普通民众当场质问政府官员关乎民生的问题以达问责和监督的效果,在直播期间,武汉市民积极踊跃地通过各种渠道进行现场提问,深受武汉市民的关注和喜爱。同时,16%的受访者表示没有通过电视类节目进行参与。

3. 网站类公众参与平台选择情况

调研统计结果(见表5.10)显示,武汉市民对各类网站的使用和参与情况不尽相同。门户网站和国土规划主管部门网站为网站类主要参与平台,新浪、搜狐等门户网站是参与人数最多的网站类别(24.9%),智慧武汉—国土资源和规划局网站紧随其后(19.7%),武汉市人民政府网站和房地产网站各占一成,分别为12.9%和11.3%。13.9%受访者选择其他网站,以及10.5%的受访者表示没有通过网站参加过城乡规划活动。

表5.8 武汉市报纸类城乡规划公众参与平台统计结果

	类别	百分比
报纸类	楚天都市报	29.9%
	长江日报	8.2%
	武汉晚报	9.6%
	武汉晨报	5.7%
	其他报纸	27.5%
	无	21.1%
	总计	100%

(资料来源:作者整理)

表5.9　武汉市电视节目类城乡规划公众参与平台统计结果

	类别	百分比
电视节目类	新闻类节目	43.1%
	生活类节目	9.2%
	文化类节目	4.9%
	科技类节目	6.2%
	专题类节目	7.2%
	广告类节目	2.6%
	电视问政	10.8%
	无	16%
	总计	100%

(资料来源:作者整理)

表5.10　武汉市网站类城乡规划公众参与平台统计结果

	类别	百分比
网站类	新浪搜狐等门户网站	24.9%
	武汉市人民政府网站	12.9%
	智慧武汉—国土资源和规划局网站	19.7%
	武汉市其他政府部门网站	6.8%
	房地产相关网站	11.3%
	其他	13.9%
	无	10.5%
	总计	100%

(资料来源:作者整理)

4. 社交平台类公众参与选择情况

(1)微博类

调研选取了部分城乡规划领域的新浪微博官方账号,以了解市民通过微博渠道进行规划参与的使用情况。统计结果表5.11显示,选择没有使用过微博进行城乡规划活动的比例高达39.9%,表明官方微博的影响力并不显著。在使用微博参与规划活动的人群中,武汉国土资源与规划管理局的官方微博账号“武汉国土规划”参与比例为最高(17.4%),“武汉发布”和“武汉城管”分别为8.5%和5.4%。同时,通过其他政府部门、其他机构和其他个人微博进行参与的比例依次为10.1%、6.2%和12.5%。

(2)微信公众号

近几年来,微信公众号成为社交网络平台的重要参与渠道,面对众多的微信公众号,被调研者给出了他们不同的选择。根据调研统计结果表5.12显示,各类微信公众号的参与分布比较分散,武汉国土资源与规划管理局发布的微信公众号“武汉国土规划”为参与比例最高的微信公众号(18.2%);其次是“众规武汉”微信号,参与比例为10.9%;选择“武汉规划公示”和“武汉规划展览馆”依次为7.6%和6.8%,“城市研究网络”“2049城市沙龙”“武汉土地市场网”的参与比例均低于5%。但是调研选项中仅列出了部分微信公众号,从调研结果可以看出,有22.1%的受访者选择了通过其他政府部门公众号和其他机构公众号进行规划参与。同时也有10.5%的受访者表示没有通过微信公众号来进行规划参与活动。

表5.11 武汉市微博类城乡规划公众参与平台统计结果

	类别	百分比
微博类	武汉国土规划(智慧武汉)	17.4%
	武汉发布	8.5%
	武汉城管	5.4%
	相关政府部门官方微博	10.1%
	其他机构微博	6.2%
	其他个人微博	12.5%
	无	39.9%
	总计	100%

(资料来源:作者整理)

表 5.12　武汉市微信公众号类城乡规划公众参与平台统计结果

	类别	百分比
微信公众号类	武汉国土规划(智慧武汉)	18.2%
	众规武汉	10.9%
	武汉规划公示	7.6%
	城市研究网络	4.4%
	武汉地理	2.4%
	武汉规划展示馆	6.8%
	2049 城市沙龙	2.9%
	武汉市土地市场网	2.6%
	其他政府部门公众号	5.3%
	其他机构公众号	16.8%
	无	10.5%
	总计	100%

(资料来源:作者整理)

通过比较武汉市城乡规划公众参与各种渠道的使用情况,我们发现如下现象:

a.官方网站和微信公众号的公众参与比例较高,电视节目和报纸次之,微博的参与度则最低,这说明并非所有的网络技术平台都有良好的公众参与使用效果。

b.新闻类电视节目的参与比例是所有媒介中最高的,其次是主流报纸,说明传统公众参与形式依然是市民进行公众参与的主要途径,其传播作用不可忽视。

c.社交媒介的广泛性也使得参与渠道呈现多元化的离散分布现象,很大一部分市民的公众参与行为来自不同部门的不同渠道。

d.城乡规划主管部门的网站、微信公众号、微博账号为市民参与城乡规划活动的主要渠道,但是不超过20%的比例。

七、参与效果评价

我们选取了公众参与比例较高的"武汉市国土规划"新浪微博账号和"众规武汉"微信公众号进行比较,采用 Kwak①、Bertot②、Lee③ 等学者使用的社交媒介政务信息测度方法(见表5.13),选取2016年1月1日至2016年4月30日的数据,从点赞率、评论率和转发率来测度其受欢迎程度及活跃率。

表5.13　社交媒介政务信息测度方法

评价指标	测度方法
点赞率	每1000名粉丝的每条内容点赞率(总的点赞数/发布数量/粉丝数量)
评论率	每1000名粉丝的每条内容评论率(总的评论数/发布数量/粉丝数量)
分享/转发率	每1000名粉丝的每条分享/转发率(总的转发数/发布数量/粉丝数量)

(资料来源:作者参考文献 Kwak,2012;Bertot,2010;Lee,2010 整理)

表5.14、表5.15的结果显示,2016年1月1日至4月30日,新浪官方微博"武汉国土规划"发布博文50条,"众规武汉"微信公众号发布朋友圈30条,但无论是点赞数、评论数、转发/分析数,还是点赞率、评论率还是转发/分享率,官方微博都远远低于微信公众号,这也进一步证实了在城乡规划公众参与领域,微信平台有效且活跃于微博平台。

---

① G.,&Kwak,Y.H.,"An open government maturity model for social media-based public engagement",Government Information Quarterly,Vol.29,No.4,2012,pp.492-503.

② Bertot,John C.,Jaeger,P.T.,& Grimes,J.M.,"Using ICTs to create a culture of transparency:E-government and social media as openness and anti-corruption tools for societies",*Government Information Quarterly*,Vol.27,No.3,2010,pp.264-271.

③ Lee,M.,& Lee Elser,E.,"The nine commandments of social media in public administration:A dual-generation perspective",*PA Times*,2010,pp.3-4.

表 5.14　武汉城乡规划微博、微信公众号（部分）统计结果

评价指标	新浪官方微博“武汉国土规划”	“众规武汉”微信公众号
点赞数	23	651
评论数	12	256
分享/转发数	9	13365

（资料来源：作者整理）

表 5.15　武汉城乡规划微博、微信公众号（部分）测度结果

评价指标	“武汉国土规划”新浪官方微博	“众规武汉”微信公众号
点赞率	0. 0046	0. 0217
评论率	0. 00024	0. 0085
分享/转发数	0. 00018	0. 4455

（资料来源：作者整理）

第三节　武汉市城乡规划公众参与的认知与态度统计分析

一、公众参与的认知分析

城乡规划公众参与的认知部分，从对城乡规划公共事务属性的认知、对城乡规划活动中公民权利与义务的认知、公众参与实现条件与保障的认知三个方面测度。

城乡规划公共事务属性的认知的统计结果表 5. 16 中，被调查者对“城市规划属于公共事务，应考虑社会公共利益”的赞同度最高（均值为 2. 22），而“在城市规划公众参与事务中，我知道去找哪一个政府部门”的赞同度最低（均值为 0. 65）。

城乡规划活动的公民权利与义务的认知统计结果中，同样表现出较大的

差异性，被调查者普遍认为“在城乡规划活动中公众享有知情权、参与权和监督权”（均值为2. 18），但是并不了解“《城乡规划法》等相关法律规定的公民权利与义务”（均值为0. 66）。

对公众参与实现条件与保障的认知方面，没有显现出明显的差异性结果，认可程度比较平均。

总体来看，统计结果说明公众对于城乡规划的公共事务和公共利益的立场认知足够明确，但是对公众在个人了解相关法律法规和参与途径上的认知存在不足。

表 5. 16 “公众参与的认知”测度统计结果

类别	测试题项 （-3=完全不赞同；-2=不赞同；-1=较不赞同；0=不确定；1=赞同；2=赞同；3=完全赞同）	平均值	中值	标准差	方差
对城乡规划公共事务属性的认知	我了解城市规划的相关工作内容	0. 99	1. 00	1. 517	2. 302
	当我的权益遭到损害时，我知道用什么方式来维护	0. 77	1. 00	1. 459	2. 130
	在城市规划公众参与事务中，我知道去找哪一个政府部门	0. 65	1. 00	1. 557	2. 424
	市民关心城市规划的程度越高，越能促进社会的民主化	1. 76	2. 00	1. 257	1. 579
	城市规划属于公共事务，应考虑社会公共利益	2. 22	2. 00	0. 968	0. 936
对城乡规划活动中公民权利与义务的认知	我了解《城乡规划法》等相关法律规定的公民权利与义务	0. 66	1. 00	1. 707	2. 913
	在城乡规划活动中公众享有知情权、参与权和监督权	2. 06	2. 00	1. 068	1. 140
	城乡规划管理部门有征集和尊重公众意见的责任	2. 18	2. 00	1. 039	1. 079
	市民需要关注城市建设发展的最新进展	1. 94	2. 00	1. 136	1. 290
	市民有义务参与当地的城乡规划活动	1. 65	2. 00	1. 346	1. 811

续表

类别	测试题项（-3=完全不赞同；-2=不赞同；-1=较不赞同；0=不确定；1=赞同；2=赞同；3=完全赞同）	平均值	中值	标准差	方差
公众参与实现条件与保障的认知	政府应该为公众提供合适的媒介和沟通渠道	2.16	2.00	1.088	1.184
	公民需有一定的教育基础和理解能力	1.98	2.00	1.067	1.139
	立法和监管是城乡规划公众参与的有效保障	2.03	2.00	1.126	1.269
	政府的反馈与实施是检验参与效力的有力武器	1.94	2.00	1.152	1.327
	作为社会团体的第三方参与也很重要	1.99	2.00	1.083	1.172

（资料来源：作者根据统计结果整理）

二、公众参与的态度分析

在公众对城乡规划公众参与的态度部分，笔者从对城乡规划公众参与的价值认同、对城乡规划公众参与的社会关怀、对ICT技术与工具价值的认可态度三个部分进行测度。

对城乡规划公众参与的价值认同的统计结果表5.17显示，被调查者比较赞同“公众参与是法律赋予市民的权利和义务（均值为2.15）”“市民对城市公共服务设施不仅有使用权，也可以提出要求或建议（均值为2.12）”，但是对“城市规划是政府的事情，也是我的事情（均值为1.86）”认可度较低。

对城乡规划公众参与的社会关怀统计结果显示，“不论是城市还是乡村，生态环境与生活品质都应受到大家关注”被认可度最高（均值为2.29），而“经社区共同决定的事务，即使我不喜欢也应该遵守”被认可度最低（均值为1.75）。

对ICT技术与工具价值的整体认可度非常高（均值在2.00以上），表明公众对通过信息技术参与城市规划活动的基本态度非常一致。

总体来看，公众对于个体承担的责任和义务的态度还不够明确，对达成社区与个人利益一致性的认可程度低,但是对信息技术的价值认可态度很好。

表 5.17 “公众参与的态度”测度统计结果

类别	测试题项 (-3=完全不赞同;-2=不赞同;-1=较不赞同;0=不确定;1=赞同;2=赞同;3=完全赞同)	平均值	中值	标准差	方差
对城乡规划公众参与的价值认同	市民应多参与地方或社区事务,以加强对社区与城市的认同感	1.89	2.00	0.951	0.905
	城市规划是政府的事情,也是我的事情	1.86	2.00	0.969	0.939
	市民对城市公共服务设施不仅有使用权,也可以提出要求或建议	2.12	2.00	0.847	0.717
	政府或社区针对公共事务组织的听证会等活动,我认为是有意义和有必要的	2.08	2.00	0.896	0.802
	公众参与是法律赋予市民的权利和义务	2.15	2.00	0.950	0.902
对城乡规划公众参与的社会关怀	关怀社会不仅是政府也是市民的责任	2.14	2.00	0.868	0.753
	个人的行为选择不仅考虑个人利益,也需要考虑社会的整体利益	2.13	2.00	0.938	0.880
	经社区共同决定的事务,即使我不喜欢也应该遵守	1.75	2.00	1.088	1.184
	不论是城市还是乡村,生态环境与生活品质都应受到大家关注	2.29	2.50	0.900	0.810
	城市建设管理也应该关注弱势群体	2.24	2.00	0.861	0.742
对 ICT 技术与工具价值的认可态度	互联网为公众参与提供了新的技术与机遇	2.25	2.00	0.825	0.681
	网络媒体的快速发展,提升了我对城市规划的关注和参与程度	2.00	2.00	1.067	1.140
	政府应当利用社交媒介等新技术促进公众参与	2.14	2.00	0.936	0.877
	比起传统纸质媒介,我更愿意进行使用网络参与	2.00	2.00	1.123	1.260
	智能手机的使用促进了我对城市规划的了解与参与	2.02	2.00	1.072	1.148

(资料来源:作者根据统计结果整理)

第四节　武汉市城乡规划公众参与的需求与动机统计分析

一、公众参与的内在和外在因素

关于公众参与的动机因素，笔者从内在因素“自我效能”和外在因素“行为规范”两方面测度。统计结果表5.18显示，源自内在的自我效能要比源自外在压力的行为规范重要得多，被调查者更在意自我价值的实现。

在诸多内在因素中，“非常希望能够和大家一起努力，贡献自己的一份力量”赞同度最高（均值为1.63），“保护个人利益”（均值为1.48）和“提升技能”（均值为1.44）随后；然而对“获得礼物或者报酬”并不在意（均值为0.04）。

在外在因素中，参与的主要原因是应他人要求而参与（均值为0.73），没有从众心理、跟随他人的行为（均值为-0.32）。

表5.18　“公众参与的动机”测度统计结果

类别	测试题项 （-3=完全不赞同；-2=不赞同；-1=较不赞同；0=不确定；1=赞同；2=赞同；3=完全赞同）	平均值	中值	标准差	方差
自我效能（内在因素）	我认为参与其中能保护我的个人利益	1.48	2.00	1.294	1.674
	参与活动后我能被更多的人认识，增加人气	0.42	1.00	1.771	3.138
	我能学到新的知识与技能	1.44	2.00	1.296	1.680
	我觉得参与这项活动很有趣	1.25	1.00	1.366	1.865
	自我表达与人际交流的需要	0.98	1.00	1.537	2.362
	我想和大家一起努力，贡献自己的一份力量	1.63	2.00	1.154	1.331
	参与后会得到小礼物或报酬	0.04	0.00	1.814	3.292
	有新奇或者吸引人的理念	1.07	1.00	1.553	2.413
	参与过程简单，工具操作方便	1.14	1.00	1.489	2.217

续表

类别	测试题项 (-3=完全不赞同;-2=不赞同;-1=较不赞同;0=不确定;1=赞同;2=赞同;3=完全赞同)	平均值	中值	标准差	方差
行为规范(外在因素)	应他人要求	0.73	1.00	1.615	2.609
	受到社会环境压力	0.13	0.00	1.788	3.198
	受到亲友的言行影响	0.33	1.00	1.700	2.891
	听从他人建议	0.36	1.00	1.690	2.855
	仅仅是跟随他人行为	0-.32	0.00	1.847	3.411

(资料来源:作者根据统计结果整理)

二、公众拒绝参与的因素

对于拒绝参与的原因,统计结果表5.19显示,大多数受访者认为并不是因为个人工作忙没有时间(均值为0.16)或者相关术语太难(均值为0.04)而拒绝参与;更为主要的原因是信息发布和接收渠道不够通畅(均值为1.27),缺乏便捷的参与方式和工具(均值为1.25),双方缺乏有效沟通(均值为1.31)。

三、选择ICT在线参与的因素

相较于传统参与方式,表5.20显示公众选择使用ICT信息技术实现在线参与的最主要的原因是“更容易提交反馈意见”(均值为2.03)、“节约时间”(均值为2.04)和“减少交通出行”(均值为2.01);而趣味性的认可度较低(均值为1.45)。

表 5.19　“公众拒绝参与因素”测度统计结果

类别	测试题项（-3=完全不赞同；-2=不赞同；-1=较不赞同；0=不确定；1=赞同；2=赞同；3=完全赞同）	平均值	中值	标准差	方差
拒绝参与的原因	我不知道如何参与	0.47	1.00	1.778	3.162
	相关术语和提问对我而言很难理解	0.04	0.00	1.794	3.217
	工作太忙没有时间	0.16	0.00	1.689	2.853
	信息发布不够广泛，没有接收到相关资讯	1.27	1.00	1.419	2.013
	双方缺乏有效沟通	1.31	1.00	1.360	1.850
	缺乏便捷的参与方式与工具	1.25	1.00	1.470	2.160

（资料来源：作者根据统计结果整理）

表 5.20　“选择 ICT 在线参与因素”测度统计结果

类别	测试题项（-3=完全不赞同；-2=不赞同；-1=较不赞同；0=不确定；1=赞同；2=赞同；3=完全赞同）	平均值	中值	标准差	方差
选择在线参与方式的原因	更容易获得信息	1.96	2.00	1.011	1.022
	更容易提交反馈意见	2.03	2.00	1.002	1.004
	节约时间	2.04	2.00	1.004	1.008
	减少交通出行	2.01	2.00	1.014	1.028
	更有趣味性	1.45	2.00	1.420	2.016

（资料来源：作者根据统计结果整理）

第五节　公众参与动机与城乡规划参与意愿的关系研究

本节将利用结构方程模型探索公众参与动机与城乡规划参与意愿的关系。

一、参与动机与城乡规划关系探索性因子分析

在模型建立与检验过程中,可以将探索性因子分析与验证性因子分析相结合(周晓宏[①],2008),即通过探索性因子分析建立模型,再用验证性因子分析来检验模型[②]。本研究运用探索性因子分析与验证性因子分析相结合来描述参与动机与意愿的测度设计(Judd[③],1980)。

在对量表数据进行探索性因子分析之前,首先要对量表数据进行巴特利球体检验和 KMO(Kaiser-Meyer-Olkin)检验(Hill[④],2011)以此来确认数据是否适合做因子分析。KMO 值在 0.80—0.90 之间时,数据适合做因子分析;KMO 值在 0.90 以上时,即表示该数据非常适合做因子分析。因此,当 KMO 值离 1 越近,则说明数据越适合做因子分析。本研究的 KMO 检验结果如表 5.21 所示。

表 5.21 KMO and Bartlett's 检测

Kaiser-Meyer-Olkin Measure of Sampling Adequacy.		0.918
Bartlett's Test of Sphericity	Approx.Chi-Square	8141.910
	df	861
	Sig.	0.000

(资料来源:作者根据统计结果整理)

---

① 周晓宏、郭文静:《探索性因子分析与验证性因子分析异同比较》,《科技和产业》2008 年第 9 期。

② Kohavi R.,"A study of cross-validation and bootstrap for accuracy estimation and model selection",*International Joint Conference on Artificial Intelligence*,1995,pp.1137-1143.

③ Judd C M,Milburn M A.,"The Structure of Attitude Systems in the General Public:Comparisons of a Structural Equation Model",*American Sociological Review*,Vol.45,No.4,1980,pp.627-643.

④ Hill B D.,"Sequential Kaiser-meyer-olkin Procedure as an Alternative for Determining the Number of Factors in Common-factor Analysis:a Monte Carlo Simulation",*Dissertations & Theses-Gradworks*,2011.

由 KMO 和巴特利球体检验表中的数值可知，本研究的数据具有非常高的相关性，根据度量标准，本研究的 KMO 值为 0.918，在 0.90 以上，说明该数据非常适合做因子分析。在对量表进行因子分析时，可通过模型的拟合指数及标准化因子载荷检验效度水平①。如果模型的拟合水平达到可接受的程度，则表明研究设计的理论模型可以较好地拟合样本数据，从而可以进一步采用标准化因子载荷系数对其进行检验。一般来说，标准化因子载荷值大于 0.5 即表示达到可接受的水平，大于 0.7 则说明量表数据具有较大的效度。在潜在变量的诸多因子里，我们选取了每组因子荷载值最高的三个（见表 5.22），最低值为 0.691，说明量表数据具有较好的效度，达到可以接受的水平。

表 5.22　城乡规划参与动机因子分析

潜在变量	编号	观测变量	组合						
			1	2	3	4	5	6	7
态度认知	I1	市民应多参与地方社区事务，加强对社区与城市的认同感	0.194	0.108	0.140	0.741	0.171	0.188	0.023
	I2	城乡规划是政府的事情，也是我的事情	0.222	-0.002	0.202	0.777	0.164	0.142	-0.023
	I3	市民对城市公共服务设施不仅有使用权，也可以提出建议	0.121	-0.043	0.236	0.765	0.091	0.243	0.138
	I4	政府或社区针对公共事务组织的听证会等活动，我认为是有意义和有必要的	0.199	-0.086	0.151	0.829	0.187	0.101	0.046
	I5	公众参与是法律赋予市民的权利和义务	0.277	-0.062	0.267	0.728	0.106	0.095	0.097

① Chuang H H, Weng C Y, Huang F C., "A structure equation model among factors of teachers' technology integration practice and their TPCK", *Computers & Education*, Vol. 86, No. C, 2015, pp. 182-191.

续表

潜在变量	编号	观测变量	组合						
			1	2	3	4	5	6	7
自我效能	M1	有新奇或者吸引人的理念	0. 048	0. 507	0. 073	-0. 035	0. 623	0. 222	0. 010
	M2	我能学到新的知识与技能	0. 250	0. 151	0. 068	0. 260	0. 715	0. 033	-0. 069
	M3	我觉得参与这项活动很有趣	0. 269	0. 230	0. 117	0. 205	0. 749	0. 051	-0. 121
	M4	自我表达与人际交流的需要	0. 157	0. 441	0. 115	0. 109	0. 691	0. 156	-0. 099
	M5	我想和大家一起努力,贡献自己的一份力量	0. 261	0. 108	0. 247	0. 240	0. 664	0. 054	0. 047
	M6	参与后会得到小礼物或报酬	0. 027	0. 685	0. 038	-0. 014	0. 355	0. 065	0. 101
	M7	参与活动后我能被更多的人认识,增加人气	0. 168	0. 384	0. 144	0. 110	0. 650	0. 142	-0. 013
	M8	参与过程简单,工具操作方便	0. 030	0. 449	0. 224	0. 097	0. 537	0. 111	0. 049
行为规范	N1	应他人要求	-0. 059	0. 728	0. 009	0. 017	0. 118	0. 187	0. 145
	N2	受到社会环境压力	0. 175	0. 818	0. 093	0. 019	0. 198	-0. 059	0. 011
	N3	受到亲友言行影响	0. 042	0. 856	0. 092	0. 017	0. 150	-0. 049	0. 106
	N4	听从他人建议	0. 035	0. 848	0. 053	0. 017	0. 170	0. 037	0. 072
	N5	仅仅跟随他人行为	0. 042	0. 836	0. 009	-0. 125	0. 073	0. 030	0. 191
拒绝因素	R1	我不知道如何参与	-0. 095	0. 160	-0. 026	-0. 051	-0. 016	-0. 041	0. 740
	R2	相关术语和提问对我而言很难理解	-0. 131	0. 280	-0. 067	-0. 088	0. 329	-0. 076	0. 646
	R3	工作太忙没有时间	-0. 022	0. 203	-0. 030	-0. 184	0. 173	0. 123	0. 653
	R4	信息发布不够广泛,没有接收到资讯	0. 084	-0. 046	0. 008	0. 118	-0. 169	0. 023	0. 832
	R5	双方缺乏有效沟通	0. 208	0. 037	0. 064	0. 227	-0. 181	-0. 026	0. 802
	R6	缺乏便捷的参与方式与工具	0. 178	0. 070	0. 097	0. 243	-0. 126	-0. 092	0. 781

续表

潜在变量	编号	观测变量	组合						
			1	2	3	4	5	6	7
规划尺度	S1	区域规划	0. 261	0. 114	0. 214	0. 158	0. 098	0. 813	-0. 026
	S2	城市总体规划	0. 359	0. 086	0. 251	0. 240	0. 104	0. 720	-0. 090
	S3	分区规划	0. 218	0. 083	0. 326	0. 176	0. 078	0. 706	-0. 035
		居住区规划	0. 300	-0. 039	0. 440	0. 221	0. 131	0. 396	0. 035
规划内容		功能分区	0. 400	0. 010	0. 449	0. 243	0. 176	0. 553	0. 050
		土地利用布局	0. 426	0. 107	0. 488	0. 229	0. 165	0. 458	-0. 052
	C1	综合交通规划	0. 413	0. 086	0. 695	0. 195	0. 142	0. 287	-0. 034
	C2	绿地空间规划	0. 283	0. 079	0. 760	0. 231	0. 098	0. 317	0. 033
	C3	市政设施规划	0. 337	0. 163	0. 712	0. 285	0. 199	0. 218	-0. 002
	C4	生态环境保护	0. 250	0. 047	0. 791	0. 191	0. 115	0. 247	0. 061
	C5	防灾与公共安全	0. 341	0. 155	0. 722	0. 229	0. 179	0. 089	-0. 036
规划阶段		编制启动阶段	0. 548	0. 079	0. 339	0. 207	0. 191	0. 509	0. 028
	P1	现状调研阶段	0. 706	0. 133	0. 268	0. 267	0. 209	0. 276	-0. 067
	P2	方案征集阶段	0. 694	-0. 015	0. 303	0. 212	0. 235	0. 342	0. 078
	P3	方案论证阶段	0. 702	0. 083	0. 323	0. 129	0. 233	0. 351	0. 040
	P4	方案确定阶段	0. 777	-0. 032	0. 285	0. 200	0. 110	0. 261	0. 158
	P5	方案实施阶段	0. 783	0. 110	0. 304	0. 192	0. 229	0. 142	0. 052
	P6	监督检查阶段	0. 774	0. 063	0. 235	0. 271	0. 131	0. 090	0. 059
		Extraction Method: Principal Component Analysis. Rotation Method: Varimax with Kaiser Normalization.							
		a.Rotation converged in 10 iterations.							

(资料来源:作者根据统计结果整理)

二、参与动机与城乡规划关系验证性因子分析

根据前面对研究变量数据的信度和效度的检验结果,对本书的结构模型

(见图 5.1)进行分析。首先使用 AMOS 软件分析各变量数据,然后结合分析的结果运用最大似然估计法①(Maximum Likelihood Estimates)对本书的结构模型进行研究,并完成模型的参数估计、评价和修正。

评价模型整体拟合度的指数主要包含以下方面:

(1)CMIN/DF 卡方/自由度;

(2)RMSEA 近似误差均方根;

(3)IFI(增值拟合指数);

(4)TLI(非规范拟合指数);

(5)CFI(拟合优度指数)。

如表 5.23 所示,本结构方程模型的拟合指标均符合评判标准,说明模型与数据拟合程度很好。

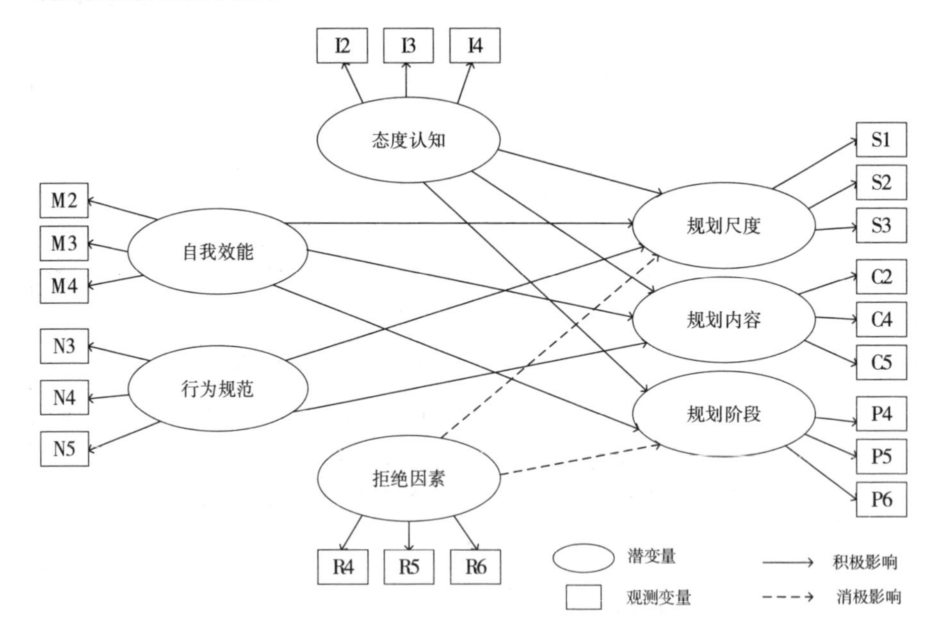

图 5.1　参与动机与城乡规划关系的结构方程图

(资料来源:作者自绘)

---

① Dasgupta A.,"Maximum Likelihood Estimates", *Asymptotic Theory of Statistics and Probability*, Springer New York,2008,pp.235-258.

表 5.23　参与动机与城乡规划关系的结构方程模型拟合程度分析表

	CMIN/DF（卡方/自由度）	RMSEA（近似误差均方根）	IFI（增值拟合指数）	TLI（非规范拟合指数）	CFI（拟合优度指数）
评价标准	<3	<0.1	>0.9	>0.9	>0.9
模型结果	2.585	0.086	0.915	0.896	0.914
是否符合	符合	符合	符合	较符合	符合

（资料来源：作者整理）

结合结构方程模型图，根据问卷变量的方差和协方差，可以估计出每个变量之间的路径系数。本研究所使用的 AMOS 软件对路径系数进行估计，就是根据问卷变量的方差和协方差得出的。如表 5.24 所示为参与动机与城乡规划的相关系数结果。

表 5.24　参与动机与城乡规划关系的变量间相互关系系数表

			Estimate	S.E.	C.R.	P
规划尺度	<---	自我效能	0.117	0.123	0.957	0.338
规划内容	<---	自我效能	0.099	0.090	1.100	0.271
规划流程	<---	自我效能	0.322	0.073	4.406	***
规划流程	<---	拒绝因素	-0.134	0.051	2.621	0.009
规划尺度	<---	态度认知	0.991	0.169	5.867	***
规划内容	<---	态度认知	0.973	0.127	7.664	***
规划流程	<---	态度认知	0.734	0.118	6.231	***
规划尺度	<---	行为规范	0.118	0.073	1.611	0.107
规划尺度	<---	拒绝因素	-0.088	0.071	-1.248	0.212
规划内容	<---	行为规范	0.114	0.055	2.063	0.039

（资料来源：作者根据统计结果整理）

三、分析结果

本研究此次的数据分析结果表明：

第一，本书数据分析研究采用的计量尺度的可靠性及有效性都较高。从样本数据的可靠性分析及验证性因子的分析结果可以看出，模型中各个变量的计量尺度都具有较高的可靠性和有效性。

第二，本书数据研究的分析结果显示，“态度认知”对城乡规划公众参与意愿的正相关影响完全支持；“自我效能”对城乡规划公众参与意愿呈正相关影响作用的假设完全或基本支持；“行为规范”仅对城乡规划尺度和内容上的参与意愿影响呈正相关；“拒绝因素”对城乡规划尺度和流程上的参与意愿影响呈负相关。

统计结果5.25表明，公众对城乡规划公众参与的态度与认知以及内在和外在动机对规划的内容、尺度、流程上的参与意愿起着积极影响的作用，公众参与的态度认知越强、参与动机越强，参与意愿越大；说明加强公众的认知水平和参与意识有助于参与意愿的提升。公众对拒绝参与的原因越认同，参与意愿越弱，这表明政府部门需要扩大信息发布渠道，提供便捷的参与方式与工具，提高与市民沟通的有效性。

表5.25　参与动机与城乡规划关系的模型研究假设结果表

研究假设	结果
态度认知对城乡规划尺度的参与意愿呈正相关	完全支持
态度认知对城乡规划内容的参与意愿呈正相关	完全支持
态度认知对城乡规划流程的参与意愿呈正相关	完全支持
自我效能对城乡规划尺度的参与意愿呈正相关	基本支持
自我效能对城乡规划内容的参与意愿呈正相关	基本支持
自我效能对城乡规划流程的参与意愿呈正相关	完全支持
行为规范对城乡规划尺度的参与意愿呈正相关	基本支持
行为规范对城乡规划内容的参与意愿呈正相关	完全支持
拒绝因素对城乡规划尺度的参与意愿呈正相关	不支持
拒绝因素对城乡规划流程的参与意愿呈正相关	不支持

（资料来源：作者整理）

第六节　ICT 态度认知与在线公众参与意愿的关系研究

本节将利用结构方程模型探索公众对 ICT 信息技术的态度认知与在线参与意愿的关系。

一、ICT 态度认知与在线公众参与关系探索性因子分析

本研究的 KMO 检验结果如表 5. 26 所示。由 KMO 和巴特利球体检验表中的数值可知,本研究的数据具有非常高的相关性,根据度量标准,本研究的 KMO 值为 0. 903,在 0. 90 以上,说明该数据非常适合做因子分析。

表 5. 26　KMO and Bartlett's 检测

Kaiser-Meyer-Olkin Measure of Sampling Adequacy.		0. 903
Bartlett's Test of Sphericity	Approx.Chi-Squar6e	5039. 715
	df	435
	Sig.	0. 000

(资料来源:作者根据统计结果整理)

在对量表进行因子分析时,可通过模型的拟合指数及标准化因子载荷检验效度水平。一般来说,标准化因子载荷值大于 0. 5 即表示达到可接受的水平,大于 0. 7 则说明量表数据具有较大的效度。我们选取了每组因子荷载值最高的三个(见表 5. 27),最低值为 0. 613,说明量表数据具有较好的效度,达到可以接受的水平。

表 5.27　ICT 与在线公众参与因子分析

潜在变量	编号	观测变量	组合						
			1	2	3	4	5	6	7
ICT 偏好	A5	智能手机的使用促进了我对城市规划的了解与参与	0.805	0.131	0.033	0.162	0.151	0.092	
	A3	政府应当利用社交媒介等新技术促进公众参与	0.792	0.125	0.124	0.167	0.045	-0.030	
	A2	网络媒体的快速发展，提升了我对城市规划的关注和参与程度	0.782	0.143	0.043	0.171	0.166	0.150	
	A4	比起传统纸质媒介，我更愿意进行使用网络参与	0.706	0.058	0.033	0.359	0.136	0.041	
	A1	互联网为公众参与提供了新的技术与机遇	0.674	0.093	0.249	0.119	0.042	0.002	
参与程度		网络	0.539	0.299	0.402	0.227	0.105	0.019	
	L3	在线查询服务	0.114	0.855	0.058	0.165	0.158	0.146	
	L2	在线论坛	0.087	0.833	0.296	0.108	0.150	0.130	
	L4	在线讨论	0.205	0.822	0.112	0.149	0.200	0.175	
	L1	网上问卷调查	0.204	0.702	0.294	0.147	0.080	0.134	
		在线投票	0.469	0.597	0.242	0.173	-0.010	0.061	
		在线信息发布	0.331	0.509	0.421	0.279	0.095	0.078	
参与平台	F3	专业软件	0.085	0.306	0.657	-0.111	0.193	0.348	
	F5	微信	0.522	0.182	0.630	0.255	0.047	0.116	
	F6	腾讯 QQ	0.349	0.144	0.613	0.247	0.055	0.111	
	F1	综合门户网站	0.041	0.490	0.611	0.257	0.196	0.156	
		政府网站	-0.116	0.439	0.577	0.276	0.286	0.102	
		微博	0.326	0.205	0.573	0.111	-0.056	0.377	

续表

潜在变量	编号	观测变量	组合						
			1	2	3	4	5	6	7
ICT 价值	V5	更有趣味性	0. 138	0. 087	0. 041	0. 739	0. 070	0. 393	
	V4	减少交通出行	0. 359	0. 189	0. 239	0. 666	0. 136	0. 034	
	V2	更容易提交反馈意见	0. 447	0. 293	0. 123	0. 651	-0. 009	0. 062	
	V1	更容易获得信息	0. 418	0. 240	0. 174	0. 641	0. 036	-0. 007	
	V3	更节约时间	0. 390	0. 233	0. 209	0. 639	0. 041	-0. 012	
行为认知	B3	在城市规划公众参与事务中,我知道去找哪一个政府部门	0. 043	0. 151	0. 096	0. 099	0. 864	0. 106	
	B4	我了解《城乡规划法》等相关法律规定的公民权利与义务	0. 161	0. 199	0. 031	-0. 036	0. 850	0. 109	
	B1	我了解城市规划的相关工作内容	0. 340	0. 167	0. 038	-0. 092	0. 776	0. 080	
	B2	当我的权益遭到损害时,我知道用什么方式来维护	-0. 013	0. 002	0. 189	0. 291	0. 622	0. 189	
参与媒介	T2	广播	0. 020	0. 132	0. 207	0. 122	0. 172	0. 859	
	T3	电话	0. 028	0. 232	0. 075	0. 014	0. 108	0. 854	
	T1	电视	0. 101	0. 090	0. 194	0. 137	0. 162	0. 839	
		Extraction Method:Principal Component Analysis. Rotation Method:Varimax with Kaiser Normalization.							
		a.Rotation converged in 6 iterations.							

(资料来源:作者根据统计结果整理)

二、ICT 态度认知与在线公众参与关系验证性因子分析

根据前面对研究变量数据的信度和效度的检验结果,对本书的结构模型进行分析(见图 5. 2)。首先使用 AMOS 软件分析各变量数据,然后结合分析的结果运用最大似然估计法对本书的结构模型进行研究,并完成模型的

参数估计、评价和修正。

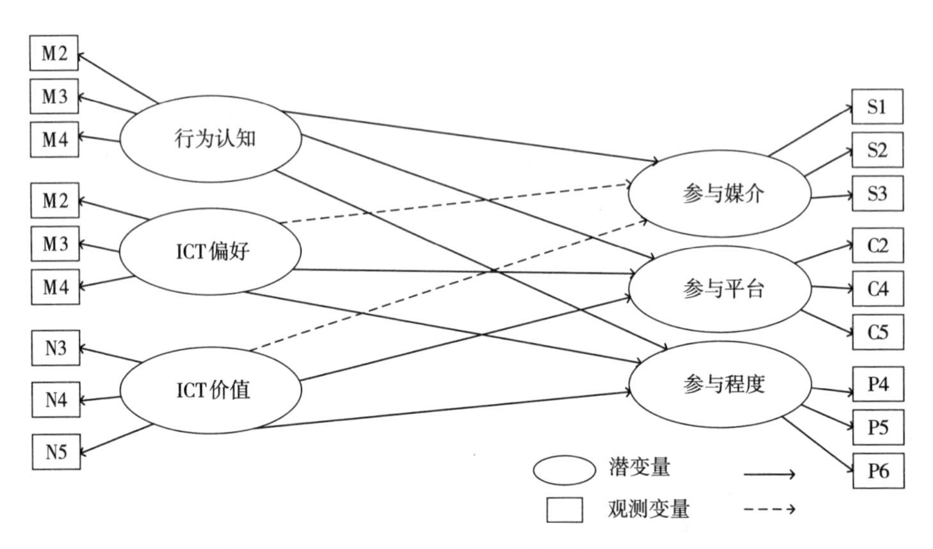

图 5.2　ICT 与在线公众参与关系的结构方程图

（资料来源：作者自绘）

如表 5.28 所示，本结构方程模型的拟合指标均符合评判标准，说明模型与数据拟合程度很好。

表 5.28　ICT 与在线公众参与关系的结构方程模型拟合程度分析表

	CMIN/DF（卡方/自由度）	RMSEA（近似误差均方根）	IFI（增值拟合指数）	TLI（非规范拟合指数）	CFI（拟合优度指数）
评价标准	<3	<0.1	>0.9	>0.9	>0.9
模型结果	2.573	0.086	0.913	0.894	0.913
是否符合	符合	符合	符合	较符合	符合

（资料来源：作者整理）

结合结构方程模型图，根据问卷变量的方差和协方差，可以估计出每个变量之间的路径系数。本研究所使用的 AMOS 软件对路径系数进行估计，就是根据问卷变量的方差和协方差得出的。表 5.29 显示为参与动机与城乡规划的相关系数结果。

表 5. 29　ICT 与在线公众参与关系的变量间相互关系系数表

			Estimate	S.E.	C.R.	P
参与媒介	<---	ICT 价值	−0. 124	0. 179	−0. 690	0. 490
参与平台	<---	ICT 价值	0. 354	0. 119	2. 978	0. 003
参与程度	<---	ICT 价值	0. 034	0. 164	0. 209	0. 834
参与媒介	<---	ICT 偏好	−0. 521	0. 158	3. 301	***
参与平台	<---	ICT 偏好	0. 605	0. 113	5. 352	***
参与程度	<---	ICT 偏好	0. 726	0. 147	4. 947	***
参与媒介	<---	行为认知	0. 343	0. 079	4. 351	***
参与平台	<---	行为认知	0. 089	0. 049	1. 811	0. 070
参与程度	<---	行为认知	0. 368	0. 072	5. 136	***

（资料来源：作者根据统计结果整理）

三、分析结果

本研究此次的数据分析结果表 5. 30 表明：

第一，本书数据分析研究采用的计量尺度的可靠性及有效性都较高。从样本数据的可靠性分析及验证性因子的分析结果可以看出，模型中各个变量的计量尺度都具有较高的可靠性和有效性。

第二，本书数据研究的分析结果显示，潜变量“行为认知”对在线公众参与（媒介、平台、程度）的参与意愿呈正相关关系，“ICT 偏好”“ICT 价值”对参与平台和参与程度上的意愿呈正相关关系，对参与媒介（广播、电视、电话）呈负相关关系。

统计结果表明公众对城乡规划公众参与行为的认知积极影响着在线参与的意愿；认知程度越高，参与意愿越强；特别是对 ICT 信息技术参与方式的认可程度越高，选择网络在线参与平台的意愿越强，参与程度越深；相反对传统电视、广播参与方式的参与意愿越弱。这表明政府应当更好地利用社交媒介（微信、腾讯 QQ）等新技术促进公众参与。

表 5.30 参与动机与城乡规划关系的模型研究假设结果表

研究假设	结果
行为认知对在线公众参与媒介呈正相关	完全支持
行为认知对在线公众参与平台呈正相关	完全支持
行为认知对在线公众参与程度呈正相关	完全支持
ICT 偏好对在线公众参与媒介呈正相关	不支持
ICT 偏好对在线公众参与平台呈正相关	完全支持
ICT 偏好对在线公众参与程度呈正相关	完全支持
ICT 价值对在线公众参与媒介呈正相关	不支持
ICT 价值对在线公众参与平台呈正相关	完全支持
ICT 价值对在线公众参与程度呈正相关	基本支持

(资料来源:作者整理)

第七节 基于 SP 实验设计的城乡规划在线公众参与意愿调查分析

在本章内容中,我们选择采用 SP 实验的方法进行问卷设计,以衡量公众对不同情境下城乡规划在线公众参与的意愿程度。

一、SP 实验设计

SP(State-Preference)最初源于心理学的"偏好"概念,如今已经在市场营销、交通运输、环境经济学等多个领域得到广泛的应用。以"偏好"作为概念工具分析公共政策的过程可以发现,政策的制定实质是将多元的个体偏好整合成集体选择的过程。在城乡规划领域,我国部分学者也已开始使用 SP 实验设计方法[①],通过 SP 叙述性偏好法调查与离散选择模型的拟合,以上海杨浦区为例探索叙述性偏好法在居住环境质量评价中的应用。

① 赵倩、王德、朱玮:《基于叙述性偏好法的城市居住环境质量评价方法研究》,《地理科学》2013 年第 1 期。

开展 SP 实验的主要目的是确定不同变量或属性在选择场景中对受访者选择结果的影响。实验中通常通过多个属性对选项进行描述，并要求受访者从中选择出一个或多个。选项的每个属性的水平的设置需要保证不同水平对受访者的选择有显著的影响。

二、正交实验设计

在行为研究中，行为选择的变化往往由多种属性共同引发，而同一影响属性在处于不同水平值时对被调查者的决策产生不同程度的影响。因此，为解决这种多属性、多水平的对比试验问题，正交设计是目前应用最为广泛的设计方法之一。

正交试验设计即是在全面试验的所有组合中选出最具有代表性的几个组合进行数据采集，被采集的数据可以通过数理统计方法还原并展示每个属性在不同水平值的情况下对被调查者决策行为的影响力度，在保留数据信息完整有效的同时减少数据收集的冗余工作量。

本书应用正交试验设计对所需调查的属性及其水平进行优化选择，由于正交试验的数学性质，调查结果的统计信息与全面试验的统计信息保持一致。

三、确定属性与属性水平

在正交设计中，首先需要确定属性与属性水平。在本章研究中，我们选取了城乡规划领域的“城市规划的尺度与层级”“城市规划的过程与阶段”“城市规划的内容”，以及在线电子参与的“在线参与途径”和“在线参与的方式”五个属性，探求属性与参与意愿以及人口特征的关系（见图 5.3）。前三个属性属于城乡规划领域，后两个属性属于在线参与范畴。每个属性包含 4 个水平。在规划尺度属性中，我们参照规划对象的范围大小，选取了区域规划、城市规划、分区规划和居住区规划四类。在规划流程中，选取了编制启动阶段、方案征集阶段、方案确定阶段、规划实施与监测阶段。规划内容选取了生态环境、交通与基础设施、历史文化保护和公共服务设施。ICT 参与途径选取了政府网站、专业软件、微信公众号和官方微博。对于在线参与方式，选取了信息发布、网上调查、在线讨论和公众投票。

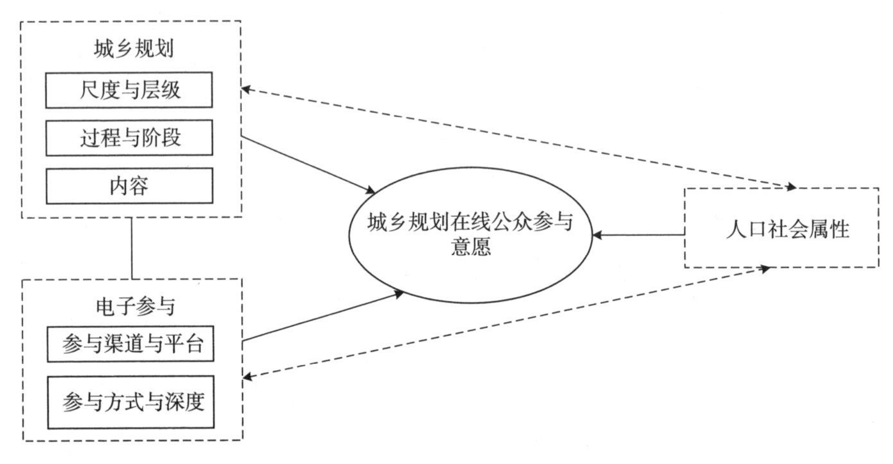

图 5.3　SP 实验设计研究框架

（资料来源：作者自绘）

在 SP 调查设计中，选择配置文件是由一个部分的阶乘设计生成的，在这个设计中，使用了所有可能的组合。每个配置文件表示属性和级别的组合。因为我们的选择选项被定义为 5 个属性，每个属性有 4 个级别（见表 5.31），一个完整的阶乘设计将产生 1024 个配置文件（4 的 5 次方）。因此，总共生成了 128 个概要文件，允许所有的因子两两交互。

表 5.31　正交设计属性与水平

属性	规划尺度	规划流程	规划内容	参与途径	参与程度
水平	区域规划 城市规划 分区规划 居住区规划	编制启动阶段 方案征集阶段 方案确定阶段 规划实施与监测阶段	生态环境 交通与基础设施 历史文化保护 公共服务设施	政府网站 专业软件 微信公众号 官方微博	信息发布 网上调查 在线讨论 公众投票

（资料来源：作者整理）

在线系统后台会从 128 个方案中随机选取 8 个基于不同规划情景的案例让被试者选择参与意愿,如表 5. 32 示例所示:在“城市”规划尺度层面的“方案确定阶段”,针对“公共服务设施”这项规划内容,如果在“政府网站”上采用“公众投票”的方式,选择参与意愿与倾向。

表 5. 32　正交设计示例

ID	规划尺度	规划流程	规划内容	参与途径	参与程度	参与意愿
1	分区规划	方案征集阶段	生态环境	官方微博	信息发布	-3;-2;-1;0;1;2;3

(资料来源:作者整理)

四、回归分析及实验结果

基于上述概念模型框架,在对水平选项进行编码(coding)之后,本节采用回归分析(Regression Analysis)衡量人口属性、城市规划与 ICT 对在线公众参与意愿的影响。我们不仅考量人口社会等单一属性对参与意愿的影响,还分别进行了人口属性与城市规划的变量交互回归分析,以及人口属性与 ICT 在线参与的变量交互回归分析。模型的拟合度 R^2 = 0. 228 是可以接受的,表明方法适用(见表 5. 33)。

结论 1:“人口社会属性”对在线公众参与意愿的作用与影响

对于众多人口社会属性因子,结果显示教育水平、居住时间和通勤工具对参与意愿具有显著影响(sig<0. 1)。受过高等教育的人有着更强烈的参与意愿,这一结论也同样被 Hansen 和 Reinau(2006)证实,教育水平决定了收集和“消费”信息或数据的范围与深度,因此,那些已经完成了高等教育的人更有可能从电子参与和参与中受益①。相较于居住时间长于五年的居民,居住不

① Hansen, Henning Sten, and Kristian Hegner Reinau, “The Citizens in E-Participation”, *In International Conference on Electronic Government*, Springer Berlin Heidelberg, 2006, pp.70-82.

到五年的人们参与意愿更强，可能源自于他们对于改变现状的需求也更为强烈。对于步行等非机动交通的人群，使用公共交通和私家车等机动交通作为通勤工具的人群对在线规划的参与意愿更强。

结论 2:“城乡规划属性”对在线公众参与意愿的作用与影响

很少有研究从市民的角度去测度对不同城乡规划的层级、内容和进程的参与意愿。本研究测度了居民社会属性与“城乡规划尺度”“城乡规划进程”和“城市规划内容”参与意愿的关系。对于城乡规划尺度而言，结果表明规划面积规模越小，居民参与意愿越大。与区域规划和城市规划相比，公民更加关注分区和社区规划。尺度越小，与他们的自我感知和自身利益也更为密切，这与国外公众参与主要在社区规划实现具有一致性。面对不同的规划进程与阶段，结果表明，规划决策阶段是公民最愿意参与的阶段，其次是规划实施和监督，也反映了公民参与的阶梯，公民控制的规划决定是民主进程公民权利的最高水平。在规划内容方面，人们对基础设施和交通运输的关注度最高，主要是由于人们对日常通勤需求。

结论 3:“社会人口属性”与“城乡规划属性”对在线参与意向的综合影响

在这部分中，笔者考虑个人背景和城市规划规模/过程/内容对电子在线参与意图的互动效应。

面对不同的城市规划规模，收入较高的人更有可能参与区域规划。工作区域和通勤工具也与规划规模显著相关，在市中心工作和使用公共交通通勤的市民，对大尺度的区域规划参与意愿较强。相比之下，收入较低、在郊区工作、使用非机动车的人群会更加注意小尺度规模的分区和社区规划。

在不同的规划进程和阶段中，具有不同特征的市民，参与意愿也不相同。

与学生、退休人员和其他非工作人员相比,在职人员更有愿意参与信息发布、实地调查和规划方案收集。但是,与城市规划领域工作相关且收入较高的人则更加重视规划决策、实施和监督的阶段。

规划内容对于不同属性的市民也有显著影响。老年人更关注物质出行环境,更愿意参与生态环境规划和基础设施规划;而年轻人更注重精神文化,更愿意参与历史文化保护和公共服务。对于居住五年以上且收入较高的人群更乐于参与基础设施和交通规划。

结论 4:"社会人口属性"和"电子参与属性"对在线参与意向的综合影响

与传统的参与工具相比,对 ICT 电子参与平台、参与媒介、参与程度进行测评,以了解公民在线参与的意图。

对于在线参与平台,在职人员普遍喜欢使用网站和专业软件,而社交网络更受学生和退休人员的欢迎,也许他们有更多的时间使用社交网络。另外,与城乡规划工作内容相关的人们更愿意使用专业软件和微信,而与城乡规划工作内容无关的人更愿意使用网站和腾讯 QQ。

对于在线参与程度,结果显示在线参与的意愿程度与年龄、收入和教育正相关。年长者、高收入和高学历的人群有较强的在线参与意愿,如在线公众投票,这意味着年长者、高收入和高学历人群更愿意进行深层次的参与活动。

以上这些分析结果为提高公众参与活动的有效性提供了案例测度依据。

表 5.33　基于正交设计的回归分析结果

属性与水平		Unstandardized Coefficients		t	Sig.
		B	Std.Error		
	常数项	1.046	0.049	21.506	0.000

续表

属性与水平			Unstandardized Coefficients		t	Sig.
			B	Std.Error		
个人属性	性别—男		-0.027	0.026	-1.059	0.290
	年龄小于45岁		-0.052	0.035	-1.495	0.135
	教育水平:高中及以下		-0.164	0.045	-3.672	0.000
	在职职员		0.045	0.029	1.557	0.120
	工作内容与城乡规划相关		-0.021	0.030	-0.701	0.483
	月收入小于5000元		0.019	0.029	0.644	0.520
	居住年限小于5年		0.230	0.029	7.878	0.000
	办公地点在中心城区		-0.054	0.058	-0.923	0.356
	居住地点在中心城区		-0.056	0.057	-0.989	0.323
	公共交通或私家车通勤		0.072	0.034	2.106	0.035
城乡规划尺度	区域规划		-0.116	0.083	-1.404	0.161
	城市规划		0.180	0.084	2.138	0.033
	分区规划		0.098	0.081	1.210	0.226
城乡规划流程	编制启动阶段		-0.039	0.085	-0.459	0.646
	方案征集阶段		-0.032	0.083	-0.385	0.700
	方案确定阶段		0.173	0.086	2.000	0.046
城乡规划内容	生态环境		-0.249	0.081	-3.067	0.002
	交通与基础设施		0.138	0.086	1.607	0.108
	历史文化保护		0.059	0.080	0.745	0.456
月收入(<5000元或>5000元)&城乡规划尺度	月收入小于5000元	区域规划	-0.022	0.053	-0.415	0.678
	月收入小于5000元	城市规划	-0.102	0.049	-2.087	0.037
	月收入小于5000元	分区规划	0.014	0.051	0.265	0.791

续表

属性与水平			Unstandardized Coefficients		t	Sig.
			B	Std.Error		
办公地点（中心城区或远城区）& 城乡尺度	办公地点在中心城区	区域规划	0.066	0.053	1.255	0.210
	办公地点在中心城区	城市规划	-0.053	0.049	-1.090	0.276
	办公地点在中心城区	分区规划	-0.094	0.050	-1.874	0.061
通勤工具（机动车或非机动车）& 城乡规划尺度	公交或私家车通勤	区域规划	0.092	0.060	1.518	0.129
	公交或私家车通勤	城市规划	-0.031	0.058	-0.528	0.597
	公交或私家车通勤	分区规划	-0.096	0.059	-1.637	0.102
职业（在职或非在职）& 城乡规划过程	在职职员	编制启动	0.033	0.049	0.672	0.502
	在职职员	方案征集	0.089	0.051	1.743	0.082
	在职职员	方案确定	-0.094	0.047	-1.980	0.048
工作内（与规划相关或不相关）& 城乡规划流程	与城乡规划相关	编制启动	-0.054	0.053	-1.020	0.308
	与城乡规划相关	方案征集	-0.132	0.053	-2.519	0.012
	与城乡规划相关	方案确定	0.020	0.054	0.365	0.715
月收入（<5000元或>5000元）& 城乡规划流程	月收入小于5000元	编制启动	0.081	0.050	1.643	0.101
	月收入小于5000元	方案征集	0.025	0.051	0.486	0.627
	月收入小于5000元	方案确定	-0.061	0.050	-1.227	0.220
年龄（<45岁或>45岁）& 城乡规划内容	年龄小于45岁	生态环境	-0.078	0.058	-1.340	0.180
	年龄小于45岁	交通与基础设施	-0.033	0.058	-0.557	0.578
	年龄小于45岁	历史文化保护	0.106	0.061	1.723	0.085

续表

属性与水平			Unstandardized Coefficients		t	Sig.
			B	Std.Error		
月收入（<5000元或>5000元）& 城乡规划内容	月收入小于5000元	生态环境	0. 206	0. 050	4. 119	0. 000
	月收入小于5000元	交通与基础设施	-0. 220	0. 050	-4. 378	0. 000
	月收入小于5000元	历史文化保护	0. 029	0. 053	0. 547	0. 584
居住时长（少于5年或5年以上）& 城乡规划内容	居住年限小于5年	生态环境	0. 113	0. 046	2. 436	0. 015
	居住年限小于5年	交通与基础设施	-0. 122	0. 047	-2. 592	0. 010
	居住年限小于5年	历史文化保护	-0. 003	0. 052	-0. 051	0. 959
职业（在职或非在职）& 在线参与媒介	在职职员	政府网站	0. 094	0. 051	1. 854	0. 064
	在职职员	专业软件	0. 034	0. 048	0. 695	0. 487
	在职职员	微信公众号	-0. 134	0. 049	-2. 721	0. 007
工作内（与规划相关或不相关）& 在线参与媒介	与城乡规划相关	政府网站	-0. 063	0. 055	-1. 154	0. 249
	与城乡规划相关	专业软件	0. 081	0. 053	1. 516	0. 130
	与城乡规划相关	微信公众号	0. 089	0. 055	1. 626	0. 104
年龄（45岁以下或45以上）& 在线参与程度	年龄小于45岁	信息发布	0. 113	0. 060	1. 879	0. 060
	年龄小于45岁	网上调查	0. 043	0. 059	0. 724	0. 469
	年龄小于45岁	在线讨论	-0. 036	0. 056	-0. 637	0. 524
教育水平（高中及以下）& 在线参与程度	教育水平：高中及以下	信息发布	0. 155	0. 075	2. 063	0. 039
	教育水平：高中及以下	网上调查	0. 026	0. 077	0. 331	0. 740
	教育水平：高中及以下	在线讨论	-0. 037	0. 079	-0. 471	0. 637

续表

属性与水平			Unstandardized Coefficients		t	Sig.
			B	Std.Error		
月收入（<5000元或>5000元）& 在线参与程度	月收入小于5000元	信息发布	0.090	0.051	1.756	0.079
	月收入小于5000元	网上调查	-0.001	0.050	-0.018	0.985
	月收入小于5000元	在线讨论	-0.102	0.050	-2.028	0.043

（资料来源：作者根据统计结果整理）

本章小结

本章选取武汉市作为典型案例对大城市众包模式公众参与进行了案例研究。首先对武汉市政府及相关部门提供的多层次多渠道的城乡规划公众参与平台予以分类，包括报纸类、电视类、网站类、微信公众号类和微博官方账号类等几大类别，并重点分析了武汉市城乡规划网站参与平台、微博参与平台和微信参与平台的运行状况。同时总结了武汉市民对不同类别参与平台的选择状况。选取了公众参与比例较高的“武汉市国土规划”新浪微博账号和“众规武汉”微信公众号进行参与平台使用效果的比较，得出微信公众号的参与活跃性远远高于新浪微博。随后对“众规武汉”平台的建设背景、工作模式、活动案例、实施效果等予以详细了解和分析总结，并提出微信公众平台的发展瓶颈。

本书以问卷调研的方式来详细了解公众对城乡规划众包参与的态度与认知、需求与动机、行为与意愿。通过对变量的反复斟酌设计问卷，并进行预测试和样本信度检验，问卷发放地区选择在武汉市，发放对象为广大武汉市民，调整并完善问卷之后进行正式发放，收回样本之后对样本进行检验和简单的描述性统计分析基本调查结果,并选择线性回归方法和结构方程模型来进行后续的详细分析。

本章对城乡规划公众参与行为特征、态度与认知、需求与动机,以及公众参与动机与城乡规划参与意愿的关系、ICT 态度认知与在线公众参与意愿的关系进行了分析,并完成了基于 SP 实验设计的城乡规划公众在线意愿分析,主要结论如下:

(1)从城乡规划公众参与行为统计结果发现:“公众告知”“问卷调查”“方案投票”是受访者参与最多的三种方式;“城市总体规划”“居住区规划”和“道路交通规划”是市民参与度较高的规划内容;大部分市民是通过手机、电脑、iPad 使用互联网来参与城乡规划活动;微信、政府官方网站以及门户网站是市民最为主要的网络参与平台。市民对城乡规划相关内容的关注度和参与度较高,但是获得反馈度较低。

(2)从公众参与的认知和态度统计结果发现:受访者对属于公共事务的城乡规划给予了较高的认同感,认为市民关心城乡规划的程度越高,越能促进社会的民主化;但是他们本身对相关法律规定的公民权利和义务并不是十分了解;同时他们也认为政府为公众提供合适的媒介和沟通渠道非常有必要,特别是网络媒体和信息技术,政府应该利用社交媒介等新技术促进公众参与。

(3)从公众参与的需求和动机统计结果发现:源自内在的自我效能要比外在压力的行为规范重要很多,公众更在意自我价值的实现。对于拒绝参与的原因,大多数受访者认为并不是因为个人工作忙没有时间或者相关术语太难而拒绝参与,更为主要的原因是信息发布和接收渠道不够通畅,缺乏便捷的参与方式和工具,沟通效率低下。相较传统的参与方式,他们认为网络在线参与更节约时间、减少交通出行,而且更容易获得讯息并提交反馈。

(4)从公众参与动机与城乡规划参与意愿的关系研究中发现:潜变量“态度认知”和“自我效能”“行为规范”与城乡规划公众参与意愿呈正相关关系,潜变量“拒绝因素”对城乡规划公众参与意愿呈负相关关系。这表明公众对城乡规划公众参与的态度与认知以及内在和外在动机对规划的内容、尺度、流程上的参与意愿起着积极影响的作用，公众参与的态度认知越强、参与动机越强，参与意愿越大；说明加强公众的认知水平和参与意识有助于参与意愿的提升。而公众对拒绝参与的原因越认同，参与意愿越弱，这表明政府部门需要扩大信息发布渠道，提供便捷的参与方式与工具，提高与市民沟通的有效性。

（5）从 ICT 信息技术的态度认知与在线参与意愿的关系研究中发现：公众对城乡规划公众参与行为的认知程度越高，参与意愿越强；特别是对 ICT 信息技术参与方式的认可程度越高，选择网络在线参与平台的意愿越强，参与程度越深；相反对传统电视、广播参与方式的参与意愿越弱。这表明政府应当更好地利用社交媒介（微信、腾讯 QQ）等新技术促进公众参与。

（6）从基于 SP 实验设计的城乡规划公众在线意愿分析结果发现：教育水平、居住时长和通勤工具对参与意愿具有显著影响；“城乡规划尺度”“城乡规划进程”和“城市规划内容”对参与意愿具有显著影响；“社会人口属性”与“城乡规划属性”交互因子对参与意愿具有显著影响；“社会人口属性”和“电子参与属性”交互因子对参与意愿具有显著影响。这些分析结果为提高公众参与活动的有效性提供了案例测度依据。

第六章　案例分析二：小城镇城乡规划众包参与技术探索

——以神农架为例

前面章节对众包模式公众参与在大城市城乡规划领域的应用案例进行了详细分析，但是我们也逐渐认识到，在当前智慧城市建设浪潮下，不同地区信息技术应用水平参差不齐，管理模式、应用场景、用户需求、基础设施条件千差万别。对于大城市和沿海发达地区来说，智慧建设以物联网、云计算、大数据、无线宽带等技术来解决现代的城市病问题。而对于欠发达地区的小城镇来说，面临居民点离散式地域分布、交通欠发达、管理和专业人员不足等现状，并没有出现大城市普遍存在的交通拥堵、人口密度过大等问题，反而是与民生相关的公共管理与服务系统等方面急需发展。大城市公众参与平台已初见雏形，发展态势迅猛，而小城镇还处于城乡规划管理的初始阶段，依然以传统参与方式为主。与此同时，小城镇城乡建设开发过程中出现的利益冲突屡屡发生，且呈增长趋势，网络和手机等移动终端应用技术已成为公众维权联络的重要工具，迫切需要搭建公众参与的平台，疏浚信息沟通渠道，及时化解矛盾和潜在的开发建设冲突，维护社会稳定、促进城镇健康和谐发展。

关于小城镇研究领域里的公众参与特别是利用信息技术进行公众参与的研究和案例并不多，存在一定的研究空白，因此本章节选取了众规武汉建设团队武汉规划研究院、湖北省基础地理信息中心、武汉大学等科研机构联合进行的智慧神农架规划项目,以神农架林区的松柏镇和木鱼镇作为小城镇案例代表,寻求适用于小城镇发展的规划管理在线参与模式。应对小城镇与大城市完全不同的现状问题和发展需求,我们的研究也采取不同于大城市的研究方法,以现场踏勘、访谈调查、软件设计、推广应用为主。在搭建神农架规划管理参与平台的基础上,研究设计了应对规划编制的众包参与系统和应对规划管理的公众监督系统。

第一节　神农架城乡规划管理与公众参与现状调研

为了应对与大城市呈现差异化特征的小城镇城乡建设管理现状与需求,全面了解神农架林区的城乡规划领域公众参与的情况,本研究选取了公众参与的组织方(神农架城乡规划管理部门)、参与方(当地居民)、技术支持方(软件设计开发人员)以及同行专家进行访谈和调研,分析神农架林区的区位特征、城乡规划管理现状以及公众参与的情况。

一、区位特征

神农架林区,简称神农架,是中国唯一以“林区”命名的行政区划,位于湖北省“一带两圈”战略中的鄂西生态文化旅游圈内(见图 6.1),全区总面积 3253 平方公里,总人口 8 万人,坐拥联合国“世界地质公园”,辖 6 镇 2 乡和 1 个国家级自然保护区、1 个国有森工企业林业管理局、1 个国家湿地公园,林地占 85%以上。神农架林区旅游资源极为丰富,每年接待游客 500 万人次。林区政府致力将神农架建设成为国家公园和国家可持续发展实验区、国家现代林业示范区、全省统筹城乡发展先行区、鄂西生态文化旅游圈核心区。但是地处山地地形,城镇居民点呈离散分布,交通以山路为主,自然灾害频发,人口密度低。

本研究选择了神农架林区行政中心镇——松柏镇和旅游重镇——木鱼镇作为调研重点区域。松柏镇为神农架林区政府所在地，镇区现状建成区面积207.44公顷，总人口2.9万人，其中城镇人口2万人。木鱼镇为省级重点旅游中心镇，镇区面积14.6公顷，镇区常住人口为5665人，设有神农架木鱼旅游度假区管委会。

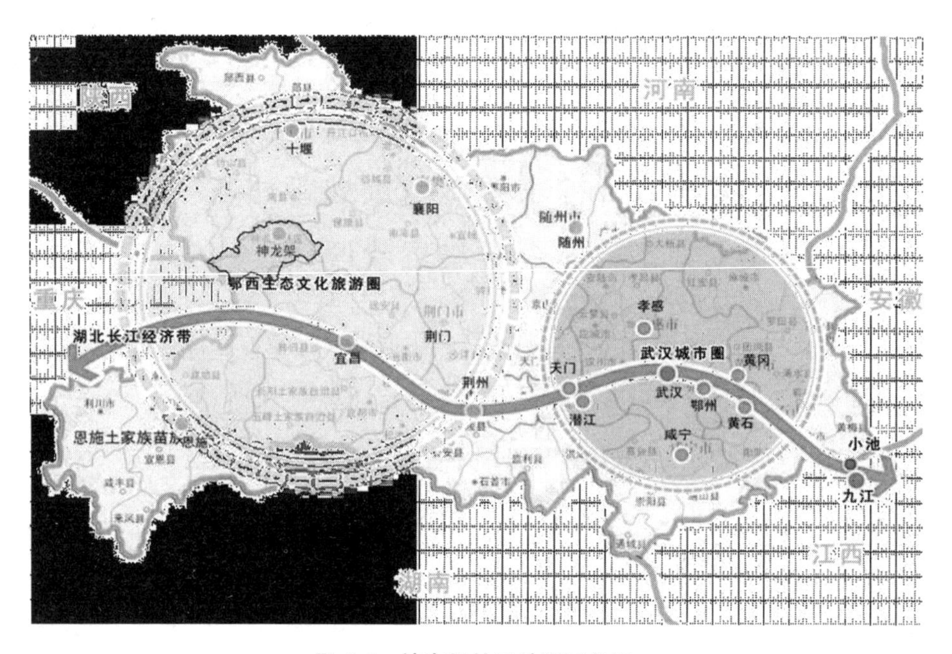

图6.1 神农架林区地理区位图

[资料来源：神农架林区城乡统筹战略规划（2015—2030）]

二、城乡规划编制、管理现状与问题

通过现场调研和对神农架林区城乡规划行政管理人员的多次访谈，深入了解神农架城乡规划编制与管理中的现状与主要问题。

与大城市相比，虽然近几年神农架已经完成规划信息化初步工作，但是整体信息化程度不高，规划编制方法较为落后，很大一部分工作依然沿用传统的手工操作方法，导致规划建设管理人员工作强度大、工作效率低，电子文档和纸质文档的管理和归档情况较差。在规划编制过程中,依然以规划从业人员为主,公众参与度低。

在规划管理方面,存在的问题主要体现在违法用地与建设管理、道路交通系统管理、自然灾情管理以及市政基础设施管理四个方面。

1. 违法用地与建设管理

神农架林区近年来伴随旅游业的快速发展,旅游人数的剧增,城市建设量与日俱增,土地开发和建设过程中出现的利益冲突频发,违法用地和违法建设现象层出不穷,且量多面广。由于执法管理人员力量不足且缺乏有效的监管手段,目前林区违法用地与建设信息获取能力弱、举报渠道不畅。而且林区所处山地地形,各个城镇建设用地之间距离较远,执法人员到达现场耗时长,成本高。

2. 道路交通系统管理

由于神农架林区旅游资源丰富,已经成为国内外知名旅游胜地。随着林区旅游业的蓬勃发展,现有的道路交通系统已经不能满足旅游旺季的需求。特别是在旅游旺季,容易造成交通拥堵,但由于人力和技术限制,难以实时获取道路交通信息,辅助交通引导管理。

3. 自然灾情管理

神农架林区所处山区地形,滑坡、崩塌、泥石流等自然灾害频发,由于缺乏有效、及时的监管体系,易导致灾情处理不及时,造成人员伤亡和财产损失。

4. 市政基础设施管理

神农架林区现状基础设施薄弱,常常出现突发问题,如路面损坏、管道破损、通信设施损坏、环境卫生破坏等,而管理人员的不足使得这些问题不能及时被发现,从而导致问题处理滞后。

三、城乡规划公众参与现状与问题

通过对神农架城乡规划管理部门工作人员和当地居民的深度访谈，我们了解到神农架林区城乡规划公众参与基本情况与存在的主要问题，呈现出了与大城市公众参与不同的特征。

1. 公众参与度低、参与方式单一

神农架林区的城乡规划公众参与方式依然以传统的座谈会、电视、电话、报纸等媒介为主；公众参与内容局限于获取政府部门信息告知和公众投诉，参与效力较低。在受访的松柏镇 15 名居民中仅有 3 名居民表示曾经对城乡规划活动有过了解或参与，而且仅仅为关注过相关新闻，居民的参与意识薄弱。

2. 公众参与在线平台建设处于初期阶段

神农架林区目前还没有形成独立的城乡规划公众参与平台，由林区政府统一运行管理网站“神农架电子政务网”，涵盖行政管理的各个职能部门的相关业务；同时林区政府也开通了微信公众号“神农架政务办公平台”面向社会大众，主要用于接受公众的咨询、投诉等。

3. 在线信息系统维护难度大

从 2012 年开始，神农架林区城建局在湖北省基础地理信息中心辅助下，共同建设了“数字神农架”天地图工程，完成神农架林区的基础地理信息库建库工作。但是工作人员反映这些基础数据的更新和维护工作量巨大，后续的经费和人员投入不足，容易造成数据系统的滞后和闲置浪费。

4. 工作人员业务水平有限

神农架林区的城乡规划主管部门的人员配置较少，专业能力和业务水

平能力有限。而且对工作人员的知识培训也同样需要经费支持及时间投入。

第二节　神农架规划管理在线参与平台搭建

根据神农架的规划建设现状和发展需求,借助云服务信息技术和众包参与模式,整合“基础地理信息数据+专业数据+大众数据”,建立神农架规划管理在线参与平台(http://111.47.17.49:5515/platportal/),包含小城镇生态承载力评估子系统、用地适宜性评估子系统、多规协同及冲突检测子系统、远程专家评审系统、规划公众参与系统、公众监督数据管理系统6个规划管理应用模块①(见图6.2、图6.3)。

图6.2　神农架林区在线规划管理应用平台主页

(资料来源:http://111.47.17.49:5515/platportal/)

---

① 《小城市(镇)组群智慧规划建设和综合管理技术集成与示范》。

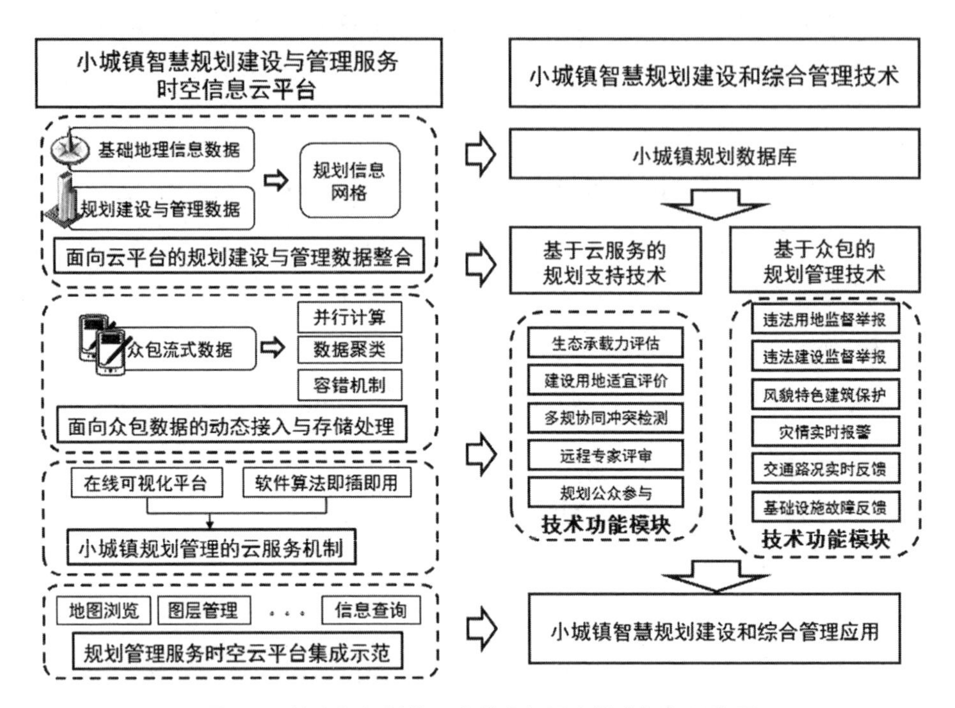

图 6.3　神农架规划管理在线参与平台技术框架示意图

[资料来源:国家科技支撑项目"小城市(镇)组群智慧规划建设和综合管理技术与示范"课题组]

一、基于云服务的规划支持系统

借力云服务技术,提升规划编制质量和效率,为神农架可持续发展提供规划技术保障,主要从规划编制支持和规划辅助决策两个方面来实现。

针对神农架林区规划编制中的主要特点与问题,重点关注生态承载力评估、建设用地适宜性评价、多规合一及冲突监测等方面。以小城镇生态承载力评估规划支持系统为例,利用集成数据管理模块、空间分析模块、统计分析模块,通过用户与云服务系统的交互式操作,实现不同发展情景下小城镇生态承载力评估,建立评价分区,并在系统中引入灰色系统方法,提高生态承载力评估的弹性,增强规划的灵活性。

依据神农架规划审批过程中缺乏高层次技术人员、交通成本高、专家评审组织困难等特点,依托云服务,实现专家的远程评审服务。通过远程在线登录,向相关专家提供技术规范和行业标准查询、空间数据多模式分析、周边项目分析、指标测算等测评功能,使各地专家能够在同一平台上进行测评,并将不同专家的测评报告按照统一的专题格式提交到数据云进行存档。并且应对小城镇社会公众参与规划意识薄弱的现状,通过门户网站或手机 APP 进行公示,面向大众进行规划方案公示和意见征询,经规划管理人员甄别处理后反馈给公众和规划编制人员,实现公众参与普及和参与方式的多样化。

二、基于众包模式的规划管理系统

应对神农架林区居民点离散式地域分布、交通欠发达、管理和专业人员不足等现状,借助移动终端众包技术,通过公众使用移动终端采集并上传违法用地、违法建设等相关信息,多方位实时监督城镇建设用地和建设工程,第一时间及时发现、预警可疑用地和违法行为,联动迅速处理,提高动态处理快速反应能力。

神农架地处生态脆弱敏感区域,地质灾害频发,通过利用移动终端数据采集的新型管理模式,发动普通群众对突发灾情信息进行及时上报,提高防御和应对灾害的能力。当发生山体滑坡、洪水、泥石流或火灾等灾害时,通过移动终端对灾情范围、灾情等级、人员伤亡情况、建筑损毁情况等进行取证上报并归档,由系统提供灾情数据发布服务,对灾情进行公示,辅助灾害防治工作。

作为旅游胜地的神农架,传统的道路交通系统规划不能完全满足小城镇的“旅游旺季井喷式”需求。当发生交通堵塞时,公众通过移动终端对交通拥堵状况、停车场使用状况、交通人数等进行取证上报并归档,由系统进行路况信息数据发布服务,能够更好地预防交通拥堵。

神农架林区基础设施建设较为薄弱,设施维修不便利,专业维修人员紧缺。当基础设施损坏时,公众可以通过移动终端对路面损坏、管道破损、通信设施损坏、环境卫生破坏等进行取证上报,进行基础设施故障信息发布,提高维修效率和减免意外损伤。

在本研究中，从规划编制和规划管理两个角度研发“基于众包模式的规划公众参与系统”与“基于众包模式的公众监督系统”。

第三节　基于众包模式的规划编制公众参与系统的实现

规划编制公众参与系统依托云服务平台，支持规划管理及编制人员发布规划方案、收集公众意见，并对公众意见进行整理、分类、统计，同时将公众意见处理情况实时反馈给公众。公众可以通过系统获取规划信息，反馈意见，并实时了解规划建议的最新动态。最终形成互联网模式下的规划公众参与及互动平台。

为了构建基于众包模式的规划编制公众参与系统，我们建立了基于微信平台的公众参与公众号和基于网页的公众参与数据管理系统。具体功能结构如图 6.4 所示。

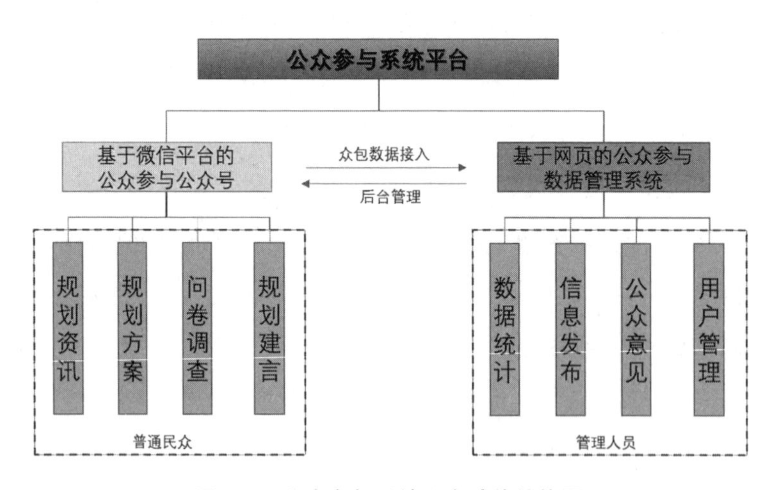

图 6.4　公众参与系统平台功能结构图

［资料来源：国家科技支撑项目“小城市（镇）组群智慧规划建设和综合管理技术与示范”项目组］

一、基于微信平台的公众参与公众号

“神农架林区智慧规划”公众号用户类型为普通民众,主页面设计为“规划资讯”“规划热点”“规划建言”三个板块,其中“规划热点”分为“规划方案”和“问卷调查”两个子模块(见图6.5)。

a.规划资讯模块:主要用于查看工作动态,包括项目的最新进展,会议安排等相关资讯,均可在该模块查阅。

b.规划方案模块:用于查看已批的规划方案,各编制方案在审批通过后都将在本模块下进行公示。

c.问卷调查模块:用于发布调查问卷,神农架政府将通过不定期发布调查问卷,征集公众意见。

d.规划建言模块:用于向公众征集规划建言,社会公众可在此发表对神农架规划的建议和意见,管理员可对其进行回复。

详细操作内容见附件3基于微信平台的公众参与系统用户手册。

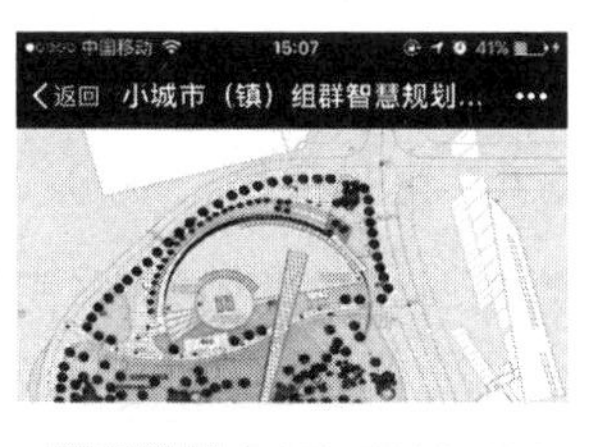

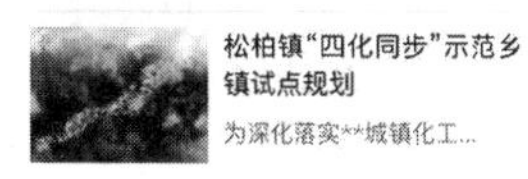

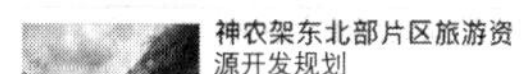

a)主页面示意　　b)规划咨询页面示意　　c)规划热点页面示意

d)问卷列表页面示意　　e)问卷填写页面示意　　f)规划建言页面示意

图6.5　微信公众号“神农架林区智慧规划”页面示意

（图片来源：微信公众号“神农架林区智慧规划”截图）

二、基于网页的公众参与数据管理系统

公众参与数据管理系统是一个基于互联网网页的用户管理系统（见图6.6），也是微信公众号“神农架林区智慧规划”后台管理系统，针对的用户仅为规划与城管相关部门系统管理人员，用于对公众参与的事务进行较快速的回应。

公众参与数据管理系统共设计数据统计、信息发布、公众意见、用户管理四大管理模块（见图6.7）。

a.数据统计模块：用于直观反映系统的运行情况，包括关注人数的变化、公众意见反馈情况、各项目组意见反馈情况等。

b.信息发布模块：具体包括公告发布、方案发布、问卷发布、首页图片和本地问卷管理五个子菜单。

c.公众意见模块：用于查看和回复公众在规划建言、信息公告、规划方案中的留言。

d.用户管理模块:可管理系统用户的账号和项目组账号。为保证系统安全,默认设置“系统管理组”,只有加入系统管理组的用户才拥有系统用户的管理权限。一般用户仅可对信息发布和公众意见进行管理。

详细操作方法参见附件4基于网页的公众参与数据管理系统用户手册。

图6.6　基于网页的公众参与数据管理系统主界面

(资料来源:http://slj.wpdi.cn)

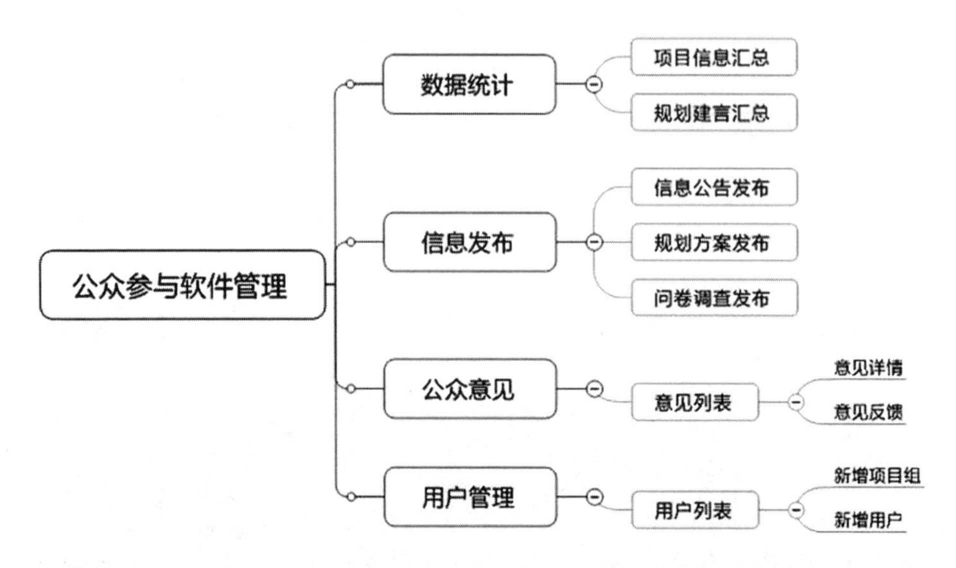

图 6.7 基于网页的公众参与数据管理系统模块示意

（资料来源：国家科技支撑项目“小城市（镇）组群智慧规划建设和综合管理技术与示范”项目组）

第四节 基于众包模式的规划管理公众监督系统的实现

为了实现基于众包模式的规划管理公众监督系统，我们建立了基于移动终端的公众监督 APP 和基于 PC 端的公众监督数据后台管理系统。具体功能结构如图 6.8 所示。

一、基于移动终端的公众监督 APP

用户类型：一类为普通民众，拥有上报事件、查询事件信息和向规划管理者提问的基本功能；另一类为管理人员，除拥有上报事件、查询事件信息和向规划管理者提问的基本功能外，还具有管理后台所分配任务的基本功能。

该软件可上传公众所遇到的违法事件的文字、图像、语音信息，并将违法

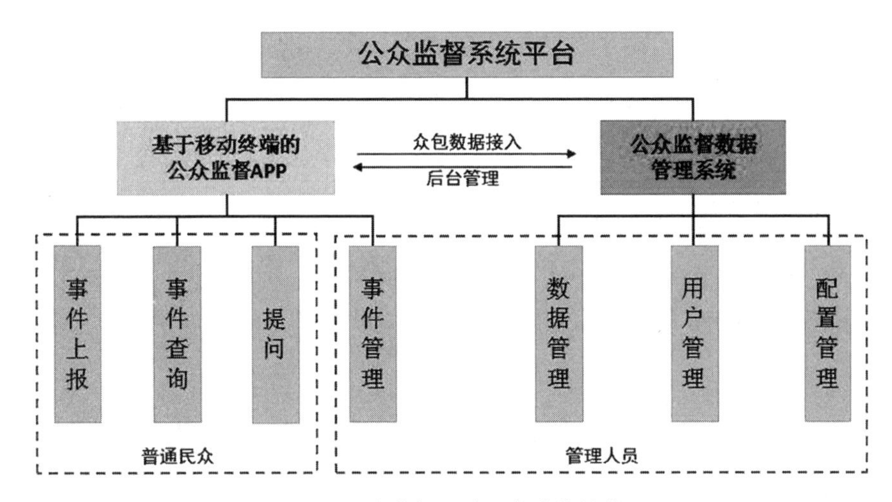

图 6.8　公众监督系统平台功能结构图

（资料来源：国家科技支撑项目“小城市（镇）组群智慧规划建设和综合管理技术与示范”项目组）

事件分类后与管理端后台协同整合，实时查看执法人员执法进度。同时用户可利用本软件发送城市监管问题并查阅管理人员留言解答信息（见图 6.9）。系统设有“新闻”“地图”“个人中心”三个模块。

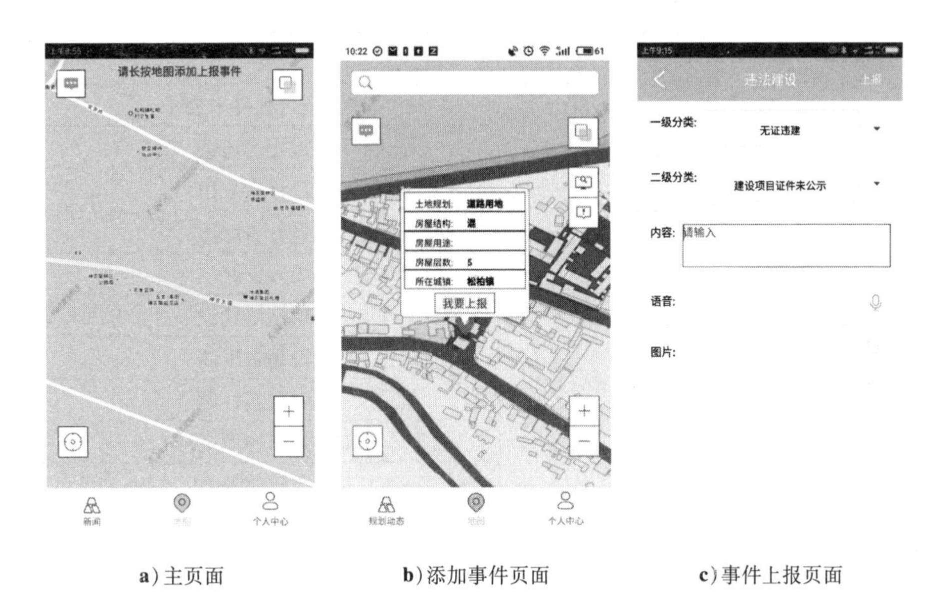

a）主页面　　b）添加事件页面　　c）事件上报页面

图 6.9　公众监督 APP 页面示意

（图片来源：公众监督 APP 截图）

a.新闻模块:显示城乡规划领域的近期新闻。

b.地图模块:多图层可供选择叠加,如栅格图层、卫星图层、区域图规配图层、房屋图层;长按地图会显示气泡,并且弹出要素的信息与“我要上报”的按钮,选择上报类型,如违法建设、污染与灾害、道路与交通、市容与基础设施等。

c.个人中心模块:如果用户为公众用户则包括“我的上报”“我的提问”“设置密码”“设置”;如果是政府上报员则包括“我的上报”“我的清单”“我的提问”“设置密码”“设置”。

详细操作方法参见附件5基于移动终端的公众监督上报软件用户手册。

根据城市管理事件分类,并结合神农架林区实际情况,针对林区城市规划管理中遇到的问题,在系统平台中将上报事件类型分为四大类,分别为:违法建设、污染与灾害、道路与交通以及市容与基础设施故障。每一大类下设中类和小类,具体事件分类如表6.1所示。

表6.1　上报事件分类表

大类	中类	小类
违法建设	无证违建	建设项目证件未公示
		建设侵占道路
		建设侵占农田
		建设侵占绿地
		无证据路
		其他违法建设
		建设超过限高
		改变建筑性质
		临时建筑逾期未拆
		私改建筑外表
		私建地下室
	风貌建筑与文物古迹保护	破坏改变风貌建筑与古迹外立面
		风貌建筑与文物古迹保护范围内建设施工
		擅自拆移除风貌建筑或文物古迹

续表

大类	中类	小类
灾害与污染	地质与气象灾害	塌陷
		滑坡
		泥石流
		洪涝
		雾霾
		其他地质与气象灾害
	环境污染灾害	污水排放
		有毒废品倾倒
		废气排放
		其他环境污染类事件
道路与交通	市内交通(城管部门)	机动车与非机动车乱停放
		道路遗撒
		施工占道
		道路积水积雪
		道路标识牌损坏
		交通拥堵
		其他交通问题
市容与基础设施故障	基础设施	架空线缆损坏
		自来水管道破裂
		燃气管道破裂
		下水道堵塞或破损
		热力管道破损
		河堤破损
		垃圾渣土倾倒
		道路破损
		路灯破损
		井盖破损

(资料来源:作者整理)

二、基于PC端的公众监督数据管理系统

公众监督数据管理系统是一个基于互联网PC端的网站系统,也是公众监督APP的后台管理系统,针对的用户仅为规划与城管相关部门系统管理人员,用于对公众上报的事务进行较快速的回应。

公众监督数据管理系统共设计登录与操作管理、上报列表管理、提问管理、新闻管理、预警管理与用户管理六大管理模块。

a.登录与操作管理模块:管理人员。

b.上报列表管理:上报内容查询、上报处理、查看和添加上报回复。

c.提问管理:提问查询、查看和添加提问回复。

d.新闻管理:新闻列表、新增新闻。

e.预警信息管理:新增预警信息。

f.用户管理:新增用户、配置管理。

系统网站首页如图6.10所示。首页中间地图主界面用于显示事件发生点;左侧为系统功能列表,包括数据管理功能、用户管理功能和配置管理功能;

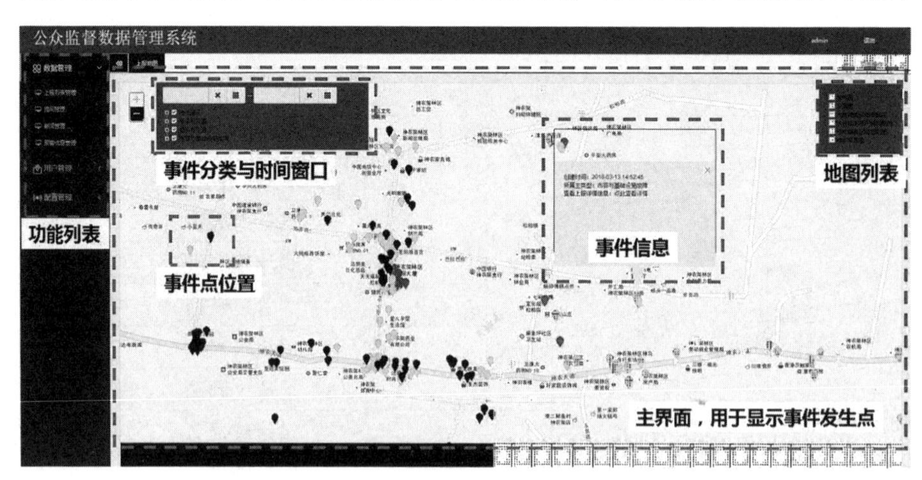

图6.10 公众监督数据管理系统首页

(资料来源:网站截图 http://139.196.203.199:8084/Supervice/Page/monitor/index.html)

地图主界面上不同颜色的标记点表示不同类型事件发生的位置点;点击任意标记点将在地图主界面显示事件信息,点击查看详情可查看事件详细信息;地图主界面左上角为事件分类与时间窗口,可勾选事件类型,选择显示不同类型的上报事件位置点,亦可选择起止时间,选择显示某一段时间的上报事件位置点;地图主界面右上角为地图列表,可勾选叠加不同的地图图层数据。

详细操作方法参见附件6基于PC端的公众监督数据后台管理系统用户手册。

第五节　人员培训与系统推广

一、专业管理人员培训

为了在神农架林区有效推广公众参与和公众监督系统平台,首先是系统研发人员对神农架林区城乡规划主管部门的相关专业人员开展培训会议,针对公众参与和公众监督两个系统平台的背景、主要特点、构成、功能以及流程操作进行讲解,并利用电脑和手机演示等方式进行系统流程预演和现场指导(见图6.11)。本次培训对象为平台系统的管理人员,包括负责规划编制的规划局工作人员和负责规划管理的城管局工作人员。

规划局工作人员的培训内容为基于众包模式的规划编制公众参与系统,既包括微信公众号的操作使用,也包括后台管理系统网页的操作使用。管理人员的主要任务是通过公众参与数据管理系统进行后台管理,包括后台数据的统计和处理、公告或方案等信息的发布、查看和回复公众留言、用户权限管理等。

城管局工作人员的培训内容为基于众包模式的规划管理公众监督系统的使用,要求既要熟悉基于移动终端的公众监督手机APP的功能构成和操作流程,同时也要熟悉公众监督数据管理系统的功能构成和操作流程。管理人员主要任务是通过公众监督数据管理系统进行后台管理,包括处理公众监督APP反馈的上报事件、回复公众的提问、发布新闻和预警信息以及分配用户权限等。

图 6.11　专业管理人员培训会现场照片

（资料来源：作者自摄）

二、公众参与用户推广

基于众包模式的规划编制公众参与系统和规划管理公众监督系统平台旨在发动公众力量，号召公众参与城市规划编制与管理工作。研究小组在神农架林区通过路演的方式吸引林区民众了解“神农架林区智慧规划”公众号和公众监督 APP，向其介绍背景意义和主要功能，以赠送小礼品的方式鼓励公众现场扫描二维码关注公众号和下载 APP，进行用户注册，并向其演示操作流程。同时，研究小组通过上报有奖的方式鼓励公众利用手机 APP 关注和参

图 6.12　公众监督系统平台公众推广活动照片

（资料来源：作者自摄）

与规划编制活动,并对违法用地现象、违法建设现象、特色风貌建筑、突发灾情、道路交通信息、基础设施故障等进行监督反馈。

本章小结

本章为神农架案例研究部分针对小城镇规划管理在线公众参与的研究缺失,选取了神农架作为小城镇研究尺度的代表进行案例分析,探寻适用于小城镇的城乡规划众包参与模式与技术。

通过现场调研和访谈研讨,总结了神农架城乡规划编制与管理以及公众参与的现状及问题,指出信息技术和全球化生产网络为小城镇发展在线公众参与提供了机遇和条件,但是也存在着建设任务繁重、顶层设计缺失的发展需求,以及低成本的小城镇规划管理在线公众参与技术难点。

通过搭建神农架规划管理在线参与平台,研发基于云服务的规划支持系统和基于众包模式的规划管理系统。基于众包模式的规划管理系统的实现从规划编制公众参与系统和规划管理公众监督系统两个方面来进行,其中规划编制公众参与系统的实现通过微信平台的公众号和网页端的数据管理后台,规划管理公众监督系统的实现是通过基于移动终端的众包APP和基于PC端的公众监督数据管理后台,并通过开展培训会议和路演的方式对专业管理人员进行软件操作培训和系统推广。

第七章　结论与展望

第一节　研究的主要结论

一、理论研究的主要结论

本研究从城乡规划公众参与的组织方和参与方两个视角开展理论研究，构建基于政府主导视角“自上而下”的城乡规划公众参与众包机制，以及基于公众个体视角的“自下而上”公众参与行为选择理论模型。

(1)构建基于政府主导视角的城乡规划众包参与机制，包含众包参与主体与对象、参与内容与范围、参与方式与平台、参与层次与效力、参与过程与结果五个方面，具体研究结论如下：

众包参与中的主体，从“自上而下”的政府主导和“自下而上”的大众自发两个层面，分为基于政府主导需要参与的公众和基于公众视角愿意参与的公众。基于政府主导需要参与的公众，其参与对象为大众、专业人士、利益相关者；基于公众个体视角的众包参与主体的是那些愿意参与并且具有参与能力的公众。

众包参与的内容，从城乡规划编制和城乡规划实施与修改、城乡规划管理三个阶段来分析。在城乡规划的编制阶段，众包主要应用于规划的基础资料采集、规划意见征询等内容。在城乡规划的实施阶段,众包主要应用于建设工程监管和建设评估等规划活动,以及基础设施监管和灾情检测等内容。在城乡规划管理阶段,众包的主要应用于城市基础设施监管、道路交通监管和灾情动态检测等领域。

众包参与的平台和渠道,分为网站参与、软件参与和社交平台参与三类,参与方式包括信息发布、问卷调查、论坛、查询服务、方案征集、公众投票、网站投诉等。

众包参与的层次,从参与效率低至高依次分为在线信息发布、在线问卷调查、在线论坛、在线服务、在线会议、在线投票;在线信息发布仅仅是单项信息告知,为最低层级的参与形式;问卷调查、在线论坛及服务等为象征性参与,公众的意见被部分征询和参考;在线会议和公众投票意味着公众参与政策决策,为最高级别的参与形式。

众包参与的过程包括:一是参与的程序,从规划编制启动到现状调研、方案征集、方案论证、方案确定、方案实施以及监督检查全过程的众包参与;二是参与的组织流程,涵盖决策、计划、实施、控制、评估以及反馈等环节的综合性行动进程。城乡规划众包参与的结果,从公众自身的输出与输入、政府自身的输入与输出以及它们之间互动关系来评判。

(2)构建基于公众个体视角的城乡规划众包参与行为选择理论模型,包含公众对城乡规划众包参与的认知与态度、需求与动机、行为与意愿三个方面,具体研究结论如下:

众包参与认知,从城乡规划的公众事务属性、权利与义务、实现的条件与保障三个方面测度。城乡规划众包参与的态度,从公众对城乡规划公众参与的价值认同状况、社会关怀态度以及针对 ICT 技术与工具价值的公众认可态度三个方面测度。

众包参与的需求,关注公众的个人社会属性,包括性别、年龄、职业、教育背景、工作内容、收入状况、工作—居住区域、通勤工具等因素。众包参与的动机因素源于内在因素的自我效能变量和迫于外在压力的行为规范变量；同时需要了解公众拒绝参与的因素和相较于传统参与方式，选择网络在线参与的因素。

众包参与的行为，从公众过去的参与方式、参与主题、参与媒介、参与设备、参与频率等几个方面进行测度。众包参与的意愿，从城乡规划活动和ICT参与工具两个方面来测度。在城乡规划活动方面，考量公众对城市规划的尺度、内容和流程上的差异化参与意愿的；在ICT工具选择上，则从参与的渠道、媒介、设备、深度等角度考量。

二、案例研究的主要结论

本研究从大城市和小城镇两个区域尺度来进行案例研究，其中选取湖北省武汉市作为大城市研究尺度的代表，选取神农架林区作为小城镇研究尺度的代表。

（1）武汉案例部分，通过对武汉市城乡规划行政主管部门的访谈调研和对市民的问卷调查，评析武汉市城乡规划众包参与平台搭建与组织工作，得出武汉市城乡规划公众参与的行为特征、认知与态度测度结果、参与的需求与动机因素，公众参与动机与城乡规划参与意愿关系，公众对信息技术的态度认知与在线参与意愿的关系，以及人口属性、城市规划与ICT对在线公众参与意愿的影响。主要研究结论如下：

武汉市城乡规划主管部门高度重视城乡规划公众参与工作，以“智慧武汉”众规参与平台为基础，建立了分阶段、多层次、多元化、多渠道的公众参与模式和完善的公众参与机制。除了传统的报纸、电视等参与媒介，各类网站、移动终端、社交平台等新型参与模式获得蓬勃发展，特别是武汉市国土资源和规划局主创的大众规划工作平台——“众规武汉”，搭建了一个由社会大众、专业机构共同参与的众人规划平台，成为全国学习的优秀案例。

关于武汉市民的参与行为特征，统计结果显示“公众告知”“问卷调查”

"方案投票"是受访者参与最多的三种方式;"城市总体规划""居住区规划""道路交通规划"依次为被调查者参与次数最多的城乡规划内容;在传统参与媒介中,通过电视参与的人数最多,在网络媒介中,使用手机参与的人数最多;在诸多参与平台中,微信是被调查者最为主要的网络参与平台,政府官方网站和门户网站其次;公众关注城乡规划信息频率较高,但是获得反馈的频率较低;从社交平台的参与效果比较发现,微信平台明显比微博平台的参与度和活跃度高。

关于公众参与的认知和态度,受访者对属于公共事务的城乡规划给予了较高的认同感,认为市民关心城乡规划的程度越高,越能促进社会的民主化;但是他们本身对相关法律规定的公民权利和义务并不是十分了解;同时他们也认为政府为公众提供合适的媒介和沟通渠道非常有必要,特别是网络媒体和信息技术,政府应该利用社交媒介等新技术促进公众参与。

关于公众参与的需求和动机,统计结果显示源自内在的自我效能要比外在压力的行为规范重要很多,公众更在意自我价值的实现。对于拒绝参与的原因,大多数受访者认为并不是因为个人工作忙没有时间或者相关术语太难而拒绝参与,更为主要的原因是信息发布和接收渠道不够通畅,缺乏便捷的参与方式和工具,沟通效率低下。相较于传统的参与方式,网络在线参与更节约时间、减少交通出行,而且更容易获得信息并提交反馈。

关于公众参与意愿方面,社区规划的参与意愿最强,这说明与公众自身利益越贴切的规划活动参与度越高;同理,交通规划、绿地规划和生态环境保护规划成为受访者更为关注的规划内容;在规划的诸多流程中,规划决策阶段如期成为居民最愿意参与的环节。对不同的参与方式和工具而言,网络已经成为最受欢迎的参与媒介,特别是微信和腾讯 QQ 这类社交媒介很受青睐,但是也意外发现,微博的关注度没有门户网站的参与意愿程度高;智能手机则当之无愧成为使用意愿最强的参与设备。

从公众参与动机与城乡规划参与意愿的关系研究中发现,公众对城乡规划公众参与的态度与认知,以及内在和外在动机对规划的内容、尺度、流程上的参与意愿起着积极影响的作用,公众参与的态度认知越强、参与动机越强,参与意愿越大;说明加强公众的认知水平和参与意识有助于参与意愿的提升。而公众对拒绝参与的原因越认同,参与意愿越弱,表明政府部门需要扩大信息发布渠道,提供便捷的参与方式与工具,提高与市民沟通的有效性。

从公众对 ICT 信息技术的态度认知与在线参与意愿的关系研究中发现公众对城乡规划公众参与行为的认知程度越高,参与意愿越强;特别是对 ICT 信息技术参与方式的认可程度越高,选择网络在线参与平台的意愿越强,参与程度越深;相反对传统电视、广播参与方式的参与意愿越弱。这表明政府应当更好地利用社交媒介(微信、腾讯 QQ)等新技术促进公众参与。

从基于 SP 实验设计的城乡规划公众在线意愿分析结果中得出公众的教育水平、居住时长和通勤工具对参与意愿具有显著影响;“城乡规划尺度”“城乡规划进程”和“城市规划内容”对参与意愿具有显著影响;“社会人口属性”与“城乡规划属性”交互因子对参与意愿具有显著影响;“社会人口属性”和“电子参与属性”交互因子对参与意愿具有显著影响。

这些分析结果为提高公众参与活动的有效性提供了案例测度依据。

(2)神农架林区案例部分,选取了公众参与的组织方(神农架城乡规划管理部门)、参与方(当地居民)、技术支持方(软件设计开发人员)以及同行专家进行访谈和调研,得出神农架在规划管理方面存在着违法建设管理、道路交通设施管理、灾情管理以及市政基础设施管理等主要问题;在公众参与方面存在公众参与度低、参与方式单一,在线平台建设处于初期阶段,信息系统维护难度大,工作人员业务水平有限等突出问题。

本研究根据神农架的规划建设现状和发展需求,借助云服务信息技术和众包参与模式,整合“基础地理信息数据+专业数据+大众数据”,建立神农架规划管理在线参与平台。研发了基于云服务的规划支持系统和基于众包模式的规划管理系统;设计并实现了基于众包模式的规划编制公众参与系统(微信平台的公众号和网页端的数据管理后台）和规划管理公众监督系统（移动终端的众包APP和PC端的公众监督数据管理后台）；以开展培训会议和路演的方式对专业管理人员进行软件操作培训和系统推广，获得了丰硕的反馈信息。

第二节　创新点

一、选题视角上的创新

本研究为跨学科交叉研究选题，结合城乡规划学、法学、社会心理学、行政管理学和行为科学等多个学科研究内容，紧扣当前信息技术时代特征和我国城乡规划公众参与面临的问题，从众包视角研究城乡规划公众参与的新模式。

在新型城镇化与智慧城市建设背景下，传统的“精英规划”正在向“大众规划”转变，特别是信息通信技术促进了城乡规划在线公众参与的发展，为规划过程中不同主体的交流互动提供更为便捷的平台，提升了公众参与的广度和深度。不仅在国家层面明确提出要打造“众包”平台创新机制，各地方政府也利用大数据和新媒体开展了一系列城乡规划公众参与实践活动。我们在庆幸信息技术提高公民参与水平的同时，也认识到不同的参与媒介和渠道、不同的参与内容和方式，在参与效果上显示出较大的差异。因此我们不仅要“自上而下”构建信息时代的城乡规划公众参与机制，更需要了解“自下而上”的公众参与行为特征、参与动机和意愿。

笔者通过大量文献研究发现，“城乡规划”“公众参与”“众包”三者交叉重叠的研究领域基本处于空白状态。当前，大多数研究成果集中在传统城乡规划公众参与模式的理论与实践、众包技术在城乡规划领域的应用等方面，鲜有涉及从宏观角度基于众包模式的城乡规划公众参与整体运行机制研究，而从公众个体的角度量化城乡规划参与行为与意愿的研究成果更是凤毛麟角。

这些研究缺陷和空隙为本研究提供了新的研究领域和独特视角。

二、理论研究上的创新

本研究从城乡规划公众参与的组织方和参与方两个视角,构建基于政府主导的"自上而下"的城乡规划公众参与众包机制,以及基于公众个体的"自下而上"公众参与行为选择理论模型。

借鉴法学和行政管理学中关于公众参与机制与程序的研究理论,从众包参与主体与对象、参与内容与范围、参与方式与平台、参与层次与效力、参与过程与结果等五个方面,构建基于政府主导的"自上而下"城乡规划公众参与的众包机制。

借鉴社会心理学和行为科学领域的行为—选择和需求—偏好等相关理论,调查公众参与的行为特征、态度认知和参与动机,分析公众面对不同城乡规划尺度、内容和阶段,以及选择不同参与媒介、渠道、方式的参与意愿,构建基于公众个体的"自下而上"城乡规划众包参与行为选择理论模型。

三、研究设计与方法上的创新

本研究设计中综合采用访谈研讨、问卷调查、统计分析、软件设计等多学科研究方法,提出了基于"众包"模式的城乡规划公众参与调研分类方法和公众参与行为意愿偏好量化方法。

根据城乡规划公众参与的主体进行调研对象类别划分为公众参与的组织方、参与方、技术支持方以及提供咨询服务的专家组等几组受访人群,并根据不同的调研内容分别选择客观陈述式访谈法、深度访谈法、头脑风暴访谈法、德尔菲访谈法等多种访谈形式。

采用心理与行为科学的实验设计和统计分析方法,对公众参与认知、行为、动机和意愿进行量化研究。利用 Berg Inquiry System 2. 2 实现网络问卷设计,并借助软件编程 Nenge 完成 SP(State-Preference)选择—偏好实验中的正交设计;使用统计软件 SPSS.22 和结构方程模型分析软件 AMOS.21、Smart PLS 进行公众参与动机与城乡规划参与意愿的关系研究以及公众对信息技术的态度认知与在线参与意愿的关系研究。

四、案例研究上的创新

本研究从大城市和小城镇两个区域尺度来进行案例研究,完成“微信公众号+网页”的规划编制公众参与系统和“移动终端 APP+网页”的规划管理公众监督系统的软件设计与实现。

当前我国社会经济发展的区域不均衡和城乡二元结构导致城乡规划公众参与区域发展差异较大,反映在大城市公众参与平台搭建已初见成效,公众参与积极性高,参与效果好;而小城镇的城乡规划公众参与还处在原始初级水平,公众参与平台尚未建立。现有研究中很少关注城乡规划公众参与领域中区域差异化发展的问题。

本研究选取武汉市和神农架林区分别作为大城市和小城镇的案例代表,分析其不同的公众参与现状、特征和需求,提出众包公众参与的发展和改进策略,并辅助神农架林区城乡规划主管部门搭建规划管理在线参与平台,设计完成基于“微信公众号+网页”的规划编制公众参与系统和基于“移动终端 APP+网页”的规划管理公众监督系统。

第三节　研究建议与策略

一、推进公众参与模式的革新

1. 构建多元利益主体的公众参与平台

互联网和新媒体为城乡规划的多元利益主体合作交流提供技术支持。基于移动终端设备的社交网络、位置信息服务为政府、企业、市民和规划师之间提供共享和公众参与的平台,引导多元主体的信息交流和平等对话。根据不同的利益主体和规划内容,选择适宜和匹配的技术手段,搭建有效的互动参与平台。

2. 转变规划专业人员的角色

公众参与并不只是一个行政手段,更多的是一种策略,在参与式规划中,技能、心态和实践是规划专业人员要掌握的核心内容。规划机制、工具方法以及规划师的技能心态构成了公众参与规划框架下的主体。转变以规划师为主体的传统思想,与居民、与使用者共同做规划,倾听来自市民的声音。事实上,比起规划师,市民才是最富创造力的城市问题解决者。

3. 鼓励规划全过程的公众参与

网络信息平台和移动终端设备为实现全过程的主动式公众参与提供了技术手段和支持,鼓励公众参与城乡规划的现状调研、多情景方案模拟、规划成果优化升级、规划实施的公众监督、规划修改调整的全过程。

4. 提高公众的在线参与技能

一方面,要加大网络政治参与的法治建设和政府对网络媒体的引导与管理,加强网络伦理建设,培养公众网络道德,引导公众树立健康、积极的网络参与,构建新型的公众参与文化。另一方面,通过技术培训提升公众的参与水平,设置社区技术中心,鼓励规划师进入社区对居民宣讲和推广城乡规划基本知识,帮助居民更好地了解和参与规划活动。

二、提倡新媒体参与规划的理念

新媒体的出现转变了传统公民参与城乡规划的状况,新媒体进行信息传播，打破了地域限制，提升信息的有效性和及时性，同时实现了较大范围的利益组织化，具有广泛的群众基础。“自下而上”的媒体参与是公众监督发挥作用的重要阶段，政府及规划执法部门尊重新媒体参与城乡规划的舆论和监督，合理对待与妥善处置，不仅不会加深政府与民众的矛盾，反而会有利于城乡规划部门和民众沟通与交流，使民众理解相关城乡规划的目的和意义。如果在规划初期，规划部门通过媒体将城乡规划信息更加透明地公开，尤其是通过网络等新媒体手段将规划各种信息提前让公众了解，或更早地让公众真正参与到城乡规划中去，提前实现“自上而下”的参与，有些冲突事件是可以提前预防和避免的。新媒体“自下而上”或“自上而下”参与城乡规划是对行政公务进行监督的有效民间途径。处在社会转型期的中国城乡规划部门应以新媒体时代为契机，尊重公民以新媒体手段参与到城乡规划中来，利用新媒体的创新性为城乡规划吸收有益批评和建议。

三、发展社交网络平台参与

社交媒介网络平台已经成为公众参与的重要途径，也是未来公众参与的重要方向，其发展策略如下：

1. 打造品牌精品

与传统纸媒的曝光率不同，微信需要大力提高单篇文章的质量，合理掌控推文数量。通过拳头产品，提升微信号的传播力和影响力。高阅读量、高点赞量和高转发率的精品文章，能够为账号创造更高的价值溢价。

2. 语言风格通俗化

与专业性较强的学术期刊不同，微信平台面向的是社会大众。微信扁平化、零边际成本的传播方式决定其潜在读者不存在行业和技术的门槛。因此，微信文章不仅需要专业、更需要有趣。通过风趣的语言风格、排版设计的丰富变化，用通俗的语言将专业的知识和观点发布出去，帮助规划专业人士获得跨行业的话语权。

3. 线上线下互动

推进“公众号+ O2O 社群”的工作模式，基于微信线上平台开展各类线下聚会、各种讲座等活动，扩大微信账号影响力，拓展业务渠道，发展社群经济。

4. 营造城市新媒体生态系统

强化内容原创，加强媒体交流，营造跨行业、泛平台的创新生态系统。规划设计机构可以与社会其他行业展开新媒体领域的深度合作，协同推动规划知识普及和公众参与。

四、大城市城乡规划众包参与发展策略

在大城市已有的城乡规划公众参与平台基础上，结合智慧城市建设，整合相关资源，通过深度交互的公众参与模式，实现城乡规划编制管理的全过程主动式公众参与，提升城市规划建设管理水平。

（1）构建基于众包模式的城市规划决策支持平台，实现规划调研与数据搜集、基础数据可视化、规划信息交流互动、规划方案模拟与优化等功能。利用移动终端设备进行规划调研，实时更新城市基础数据，提高城市调研效率和数据信息获取的准确性。通过对公众参与规划方案的互动信息、交流意见和反馈建议等进行在线处理，优化规划方案。同时以平板电脑、智能手机等移动终端设备为载体，实现移动化城市现状和规划信息的查询浏览，推进规划编制和管理工作向更加高效、透明、互动的工作模式转变。

（2）搭建基于众包模式的城市建设管理决策支持平台，在建设城市建设管理信息库的基础上，整合不同行政部门和公众参与信息，广泛征求建设项目利益相关人和公众的意见，并对公众反馈的信息进行项目选择、施工建设、运

营管理的优化调整。同时加强公众参与项目影响评价过程,从公众的角度对建设项目的经济效益、社会效益、环境效益等内容进行综合评价。

(3)建设基于众包模式的智慧城市公共服务管理平台,将众包理念融入智慧城市建设中,利用手机定位、微博签到等移动终端定位功能实现居民位置信息和服务需求与智慧城市信息控制中心的地理空间关联,结合智慧城市APP、Web等多种终端的公众参与交互设备的联合使用,打造覆盖交通、医疗、教育、市政等涉及居民生活各个方面的智慧城市综合管理和服务平台。

五、小城镇城乡规划众包参与发展策略

小城镇需要结合自身特点和发展需求,选择经济、实用、高效的规划管理平台和众包参与模式。

(1)结合特色小城镇建设背景,根据小城镇的自身特点和发展需求,选择适合适用的信息化方法和公众参与模式。不能简单机械地走复制大城市的老路,应考虑到城镇自身在地域、产业、文化等方面的独特优势,在坚持标准化的同时兼顾多样化。即在与智慧城市建设坚持共性标准的前提下,围绕自身功能进行定位,选择不同的众包参与平台和功能模块,建设能够体现城镇特色的智慧小城镇。

(2)借助云计算技术,依托大城市的地理信息公共服务平台,采取"省—市—镇"多级多中心节点模式,并通过应用服务外包策略,集中为小城镇政府搭建信息化所需要的网络基础设施及软件、硬件运作平台,减少城乡规划管理部门的运行成本,解决小城镇建设的资金、技术、人才难题,有效提高行政管理能力。

(3)借助低成本的智能终端,利用已基本普及的私人手机设备资源,大力发展"众包"参与模式,动员"草根"力量以及时获取城镇建设管理所需信息,开发"网站+微信+APP"的相对低成本的公众参与平台,适宜于当前小城镇的规划建设管理的经济发展水平。

第四节　研究不足与展望

一、研究不足

本研究为创新型跨学科研究，仅仅是在城乡规划众包参与领域进行了一些研究尝试，同时在研究中也存在着一些缺陷和不足。

首先，在价值理念上，笔者认为基于众包数据所做的规划研究、决策可能会产生偏差和不公平。城乡规划作为一项公共政策，社会公平是城市规划的前提与根本①。个人对信息供给的贡献越大，其获得的反馈机会也越大。这种机制对弱势群体（如老年人和残障人士）存在潜在的社会排斥和空间排斥问题，进而有悖于学术研究和规划的价值取向。以众包为代表的新型在线公众参与是一种纯粹的志愿行为，公众对参与的话题有绝对的选择权②，但是参与者不一定能够代表全体市民，甚至利益相关也不能完全替代，也会存在群体的盲目性或者被利用的状况。

其次，在理论研究中，虽然提出了"自上而下"的政府视角下众包参与机制和公众视角下的参与行为模型，但是没有对两者的互动关系和有效实施进行分析，比如政府应在什么时候、以什么方式吸引公众参与，缺乏对公共决策有效性和公众参与结果有效性的良好结合，需要提高管理成本与效率。在线公众参与的方式虽然更容易获得公众的回应和关注，产生更多的信息和思路，但是不同利益主体的博弈可能导致问题更难以达成共识，需要更多时间和精力去处理，这是公共政策实施中需要考虑的问题。

最后，在案例研究中，虽然市场上已经存在或正在研发众多众包参与的软

① 孙施文：《城市规划不能承受之重——城市规划的价值观之辨》，《城市规划学刊》2006年第S1期。

② 程遥：《超越"工具理性"——试析大众传媒条件下城市规划公众参与》，《城市规划》2007年第11期。

件系统，但是也面临着由于众多公众在线参与的渠道而产生的几何式增长的数据的状况，如何在有限的人力物力前提下解决日益多元和大量来自公众反馈的信息和意见，如何应对信息和管理的碎片化问题，如何有效地疏导和正确引导社会矛盾和舆论，需要认真思索与探寻。

二、展望

未来科技的发展和人民社会的逐步完善，将会给公众参与带来更广阔的天地。针对科学研究中市民参与的问题，将由科研工作者、教育工作人员、数据管理者等相关领域的专家共同组成。在 Future ICT① 项目中，探索一个受过良好教育的居民如何通过与以往不同的方式与各领域专家合作，并设计出提高城市生活质量和城市效率的情景方案。另外，自组织（Self-organization）被部分学者认为是建立全球知识资源的基石，这一资源可以为广大市民、机构和公司带来利益②。然而，虽然众包为城乡规划带来巨大的发展机遇，但在具体实施层面仍面临着一系列问题和挑战，未来的发展还有待进一步研究和实践探索。若要实现高程度的公众参与：一方面，公众信息系统必须能够在可靠的框架内提供高质量的信息；另一方面，市民需要充分了解他们所参与和提交的公共基础信息数据的潜在价值与重要意义，以及这些数据的使用方式与延续时间。

众包参与模式的兴起也对城乡规划从业人员提出了新的挑战。一方面，城乡规划教育的体系和理念以及相关工作人员的知识结构需要与时俱进，除了掌握传统的规划空间分析方法，还需要加强多学科的空间技术方法学习，如地理信息系统、数据处理、空间分析和建模、空间数据可视化等。另一方面，在

---

① Pearson I.,"The role of future ICT in city development", *Foresight*, Vol. 8, No. 3, 2006, pp.3-13.

② Wang Z, Szolnoki A, Perc M.,"Self-organization towards optimally interdependent networks by means of coevolution", *New Journal of Physics*, Vol.16, No.3, 2014, pp.33-41.

众包参与过程中,将会有其他非规划背景专业的人员(如软件开发)广泛参与到规划工作中来,随着大数据的开放和公民参与程度的逐渐提高,也要求规划从业人员学习与公众的沟通技巧、协调各方利益冲突。面对诸多改变,城乡规划教育领域以及规划工作人员需要认识这些挑战和机遇,更新知识结构,适应智慧城镇发展的需要。

总而言之,公众参与这条通向自由理想王国的道路会越来越清晰明亮。

附录1　访谈提纲

访谈提纲1

一、访谈对象

武汉市城乡规划主管部门工作人员（武汉市国土资源规划管理局、武汉市编制研究与展示中心、武汉市规划院）。

二、访谈目的

了解武汉市城乡规划公众参与活动的组织和参与基本情况。

三、访谈方式

客观陈述式访谈，一对一或一对多。

四、访谈纲要

（一）开场语

您好，为了了解我市城乡规划活动中公众参与的组织和实施情况，进行本次访谈调查，用于科学研究工作，访谈时间大约为20分钟，感谢您的配合。

（二）访谈题目

1. 请介绍一下我市城乡规划主管部门在城乡规划管理过程中公众参与的主要工作情况。

记录表1	组织与管理工作
发展背景	
工作内容	
工作方法	
实施效果	
工作难点	

2. 请介绍一下我市城乡公众参与活动的主要平台和渠道。

记录表2	参与平台
传统平台（广播、电视、报纸）	
新媒体（网站、微博、微信）	

3. 请比较一下我市传统公众参与渠道和网络新平台的差异性。

记录表3	差异性
传统平台（广播、电视、报纸）	
新媒体（网站、微博、微信）	

4. 请介绍一下“众规武汉”的建设背景、工作模式、经验总结及发展瓶颈。

记录表4	众规武汉
建设背景	
工作模式	
案例介绍	

续表

记录表 4	众规武汉
经验总结	
发展瓶颈	

5. 请预估一下未来城乡规划公众参与的发展前景与难点，并提出宝贵意见或建议。

记录表 5	展望
发展前景	
难点与突破口	

（三）结束语

非常感谢您的配合和支持。

五、调查员对访谈效果进行评估与分析

访谈提纲 2

一、访谈对象

神农架城乡规划主管部门工作人员（规划局、城建局）。

二、访谈目的

了解神农架林区城乡规划公众参与活动的组织和参与基本情况。

三、访谈方式

客观陈述式访谈，一对一或一对多。

四、访谈纲要

(一)开场语

您好,为了了解神农架城乡规划活动中公众参与的组织和实施情况,进行本次访谈调查,用于科学研究工作,访谈时间大约为20分钟,感谢您的配合。

(二)访谈题目

1. 请介绍一下当前城乡规划管理过程中公众参与的基本情况。

记录表1	组织与管理工作
主导部门	
工作内容	
工作方法	
实施效果	
工作难点	

2. 请介绍一下我市城乡公众参与活动的主要平台和渠道。

记录表2	参与平台
传统平台(广播、电视、报纸)	
新媒体(网站、微博、微信)	

3. 请比较一下我市传统公众参与渠道和网络新平台的差异性。

记录表3	差异性
传统平台(广播、电视、报纸)	
新媒体(网站、微博、微信)	

4. 请谈谈引入云平台和众包手机APP之后,对神农架城镇建设管理的

影响。

记录表 4	云平台和众包
发展需求	
适用性	
工作难点	

5. 请预估一下未来城乡规划公众参与的发展前景与难点,并提出宝贵的意见或建议。

记录表 5	展望
发展前景	
难点与突破口	
意见或建议	

(三)结束语

非常感谢您的配合和支持。

五、调查员对访谈效果进行评估与分析

访谈提纲 3

一、访谈对象

市民。

二、访谈目的

了解市民在城乡规划活动中的参与情况。

三、访谈方式

半结构式访谈,深度访谈,一对一或一对多。

四、访谈纲要

(一)开场语

您好,为了了解我市城乡规划活动中公众的参与行为与意愿,进行本次访谈调查,用于科学研究工作,访谈时间大约为30分钟,感谢您的配合。

(二)访谈题目

1. 请谈谈您对城乡规划的了解和认知。

2. 请问您之前有没有参与过相关的活动。

3. 若参与过,您的参与体验是什么,采用何种参与方式,参与内容,参与渠道。

4. 若未参与过,主要的原因是什么。

5. 针对不同的规划内容和参与工具,您的参与意愿如何。

(三)结束语

非常感谢您的配合和支持。

五、调查员对访谈效果进行评估与分析

访谈提纲4

一、访谈目的

了解城乡规划公众参与众包软件开发和使用的基本情况。

二、访谈方式

客观陈述式访谈,半结构化访谈,一对一或一对多。

三、访谈对象

技术开发和管理人员。

四、访谈纲要

(一)开场语

您好,为了了解众包软件技术开发情况,进行本次访谈调查,用于科学研究工作,访谈时间大约为 20 分钟,感谢您的配合。

(二)访谈题目

1. 请介绍一下软件开发的主要过程与内容。

记录表 1	软件开发
用户需求	
设计原则	
功能模块	
网络结构	
业务流程	

2. 请介绍一下众包数据采集的实现。

记录表 2	数据采集
数据库设计	
数据采集模块设计	
数据更新模块设计	
数据接口设计	

3. 请介绍一下软件设计中应用的关键技术。

记录表3	关键技术
关键技术1	
关键技术2	
关键技术3	
关键技术4	

4. 请介绍一下软件试运营情况、改进方向。

记录表4	
运营效果	
主要问题	
改进方向	

5. 请预估一下未来众包APP发展前景与难点,并提出宝贵的意见或建议。

记录表5	展望
发展前景	
难点与突破口	

(三)结束语

非常感谢您的配合和支持。

五、调查员对访谈效果进行评估与分析

附录2　调查问卷

亲爱的先生/女士，

您好！感谢您在百忙之中能抽出时间参加本次问卷调查。

这是一份由武汉大学与荷兰埃因霍温理工大学合作完成的关于“城市规划在线公众参与”的学术问卷，目的在于了解市民对城市规划公众参与的真实感受与想法。问卷内容主要涉及城市规划公众参与行为、参与的个人意愿以及对参与工具与方式的选择。

“城市规划”是为了实现一定时期内城市的经济和社会发展目标，确定城市性质、规模和发展方向，合理利用城市土地，协调城市空间布局和各项建设所做的综合部署和具体安排。

本研究所定义的“城市规划公众参与”是指个人或组织通过直接或间接方式参与城市规划活动，从而影响城市规划的制定与实施。

请点击“Next”，问卷正式开始。

第一部分：在线新闻关注情况调查

请根据您对网络新闻的日常关注情况，选择最相符的选项：

1. 您最常使用哪种渠道来获得新闻资讯：

A.电视　B.广播　C.电话　D.报纸　E.信件　F.会议　G.电脑

H.手机　I.亲友　J.其他

2. 您通过网络来关注新闻的频率：

A.每天至少一次　B.每周1—6次　C.每月1—3次　D.每年1—11次　E.总共1—3次　F.从来没有过

3. 您每天花费多长时间通过网络获得资讯：

A.3小时以上　B.2—3小时　C.1—2小时　D.不超过1小时　E.从不

4. 您在多大程度上接受或认同您所接收到的网络资讯？

A.全部认同　B.部分认同　C.不清楚　D.较不认同　E.全不认同

5. 您对网络新闻的关注程度：

A.非常关注　B.比较关注　C.不关注　D.不清楚　E.完全不关注

第二部分：城市规划公众参与的认知

请根据您的认知与理解，选择您的认可程度。（-3=完全不赞同；-2=不赞同；-1=较不赞同；0=不确定；1=较赞同；2=赞同；3=完全赞同）

1	我了解城市规划的相关工作内容。	-3	-2	-1	0	1	2	3
2	当我的权益遭到损害时，我知道用什么方式来维护。	-3	-2	-1	0	1	2	3
3	在城市规划公众参与事务中，我知道去找哪一个政府部门。	-3	-2	-1	0	1	2	3
4	市民关心城市规划的程度越高，越能促进社会的民主化。	-3	-2	-1	0	1	2	3
5	城市规划属于公共事务，应考虑社会公共利益。	-3	-2	-1	0	1	2	3
6	我了解《城乡规划法》等相关法律规定的公民权利与义务。	-3	-2	-1	0	1	2	3
7	在城乡规划活动中公众享有知情权、参与权和监督权。	-3	-2	-1	0	1	2	3
8	城乡规划管理部门有征集和尊重公众意见的责任。	-3	-2	-1	0	1	2	3
9	市民需要关注城市建设发展的最新进展。	-3	-2	-1	0	1	2	3
10	市民有义务参与当地的城乡规划活动。	-3	-2	-1	0	1	2	3
11	政府应该为公众提供合适的媒介和沟通渠道。	-3	-2	-1	0	1	2	3

续表

12	在公众参与中,公民需有一定的教育基础和理解能力。	-3　-2　-1　0　1　2　3
13	立法和监管是城乡规划公众参与的有效保障。	-3　-2　-1　0　1　2　3
14	政府的反馈与实施是检验参与效力的有力武器。	-3　-2　-1　0　1　2　3
15	作为社会团体的第三方参与也很重要。	-3　-2　-1　0　1　2　3

第三部分:城市规划公众参与的态度

请根据您的认知与理解,选择您的认可程度。(-3=完全不赞同;-2=不赞同;-1=较不赞同;0=不确定;1=较赞同;2=赞同;3=完全赞同)

1	市民应多参与地方或社区事务,以加强对社区与城市的认同感。	-3　-2　-1　0　1　2　3
2	城市规划是政府的事情,也是我的事情。	-3　-2　-1　0　1　2　3
3	市民对城市公共服务设施不仅有使用权,也可以提出要求或建议。	-3　-2　-1　0　1　2　3
4	政府或社区针对公共事务组织的听证会等活动,我认为是有意义和有必要的。	-3　-2　-1　0　1　2　3
5	公众参与是法律赋予市民的权利和义务。	-3　-2　-1　0　1　2　3
6	关怀社会不仅是政府也是市民的责任。	-3　-2　-1　0　1　2　3
7	个人的行为选择不仅考虑个人利益,也需要考虑社会的整体利益。	-3　-2　-1　0　1　2　3
8	经社区共同决定的事务,即使我不喜欢也应该遵守。	-3　-2　-1　0　1　2　3
9	不论是城市还是乡村,生态环境与生活品质都应受到大家关注。	-3　-2　-1　0　1　2　3
10	城市建设管理也应该关注弱势群体。	-3　-2　-1　0　1　2　3
11	互联网为公众参与提供了新的技术与机遇。	-3　-2　-1　0　1　2　3
12	网络媒体的快速发展,提升了我对城市规划的关注和参与程度。	-3　-2　-1　0　1　2　3
13	政府应当利用社交媒介等新技术促进公众参与。	-3　-2　-1　0　1　2　3
14	比起传统纸质媒介,我更愿意进行使用网络参与。	-3　-2　-1　0　1　2　3
15	智能手机的使用促进了我对城市规划的了解与参与。	-3　-2　-1　0　1　2　3

第四部分:城市规划参与行为

请回忆您之前关注或参与城市规划的行为,选择最符合的答案。(可多选)

参与的方式	参与的主题	参与的媒介	网络参与		频率	
			网络平台	设备	关注	反馈
您曾经参与城市规划活动的主要方式?	您曾经参与城市规划活动的内容与类型?	您曾经主要通过哪种媒介/渠道参与城市规划活动?	如果您是通过网络参与城市规划活动,请问是使用哪种网络平台?	如果您是通过网络参与城市规划活动,请问是使用哪种设备?	请问您关注城市规划新闻与活动的频率?	请问您对城市规划新闻与活动予以反馈的总次数?
□公众告知 □公众热线 □公众信箱 □书面调查 □网络问卷 □在线留言 □座谈会 □听证会 □论证会 □方案咨询会 □设计竞赛 □方案投票 □其他	□城市总体规划 □城市分区规划 □道路交通规划 □绿地空间规划 □居住区规划 □基础设施规划 □生态环境保护规划 □防灾与公共安全规划 □历史文化保护规划 □建筑设计 □景观设计 □其他	□电视 □广播 □电话 □报纸 □信件 □会议 □电脑 □手机 □其他	□门户网站 □政府官方网站 □专业软件 □公众平台 □微博 □微信 □腾讯 QQ □其他	□台式电脑 □便携式笔记本电脑 □iPad 等平板电脑 □智能手机 □其他	□平均每天至少一次 □平均每周 1—6 次 □平均每月 1—3 次 □平均每年 1—11 次 □总共不超过 3 次 □从未关注过	□1 次 □2—5 次 □6—10 次 □10 次以上 □从未反馈过

第五部分:武汉市城市规划媒介

请问您关注或参与城市规划主要来源于武汉市的何种媒介或渠道?(可多选)

报纸	电视	网站	专业软件/手机 APP	微信公众号	新浪微博
□楚天都市报 □长江日报 □武汉晚报 □武汉晨报 □其他 □无	□新闻类节目 □生活类节目 □文化类节目 □科技类节目 □专题类节目 □广告类节目 □电视问政 □无	□新浪搜狐等门户网站 □武汉市人民政府网站 □智慧武汉—国土资源和规划局网站 □武汉市其他政府部门网站 □房地产相关网站 □其他 □无	□掌上武汉—武汉城市信息云平台 □其他 □无	□武汉国土规划(智慧武汉) □众规武汉 □武汉规划公示 □城市研究网络 □武汉地理 □武汉规划展示馆 □2049 城市沙龙 □武汉市土地市场网 □其他政府部门公众号 □其他机构公众号 □其他公众号 □无	□武汉国土规划 □武汉发布 □武汉城管 □相关政府部门官方微博 □其他机构微博 □其他微博账号 □无

第六部分:城市规划公众参与动机

请根据您的认知与理解,选择您的认可程度。(-3=完全不赞同;-2=不赞同;-1=较不赞同;0=不确定;1=较赞同;2=赞同;3=完全赞同)

请问您关注或参与城市规划活动的主要原因/动机?	1	我认为参与其中能保护我的个人利益。	-3 -2 -1 0 1 2 3
	2	参与活动后我能被更多的人认识,增加人气。	-3 -2 -1 0 1 2 3
	3	我能学到新的知识与技能。	-3 -2 -1 0 1 2 3
	4	我觉得参与这项活动很有趣。	-3 -2 -1 0 1 2 3
	5	自我表达与人际交流的需要。	-3 -2 -1 0 1 2 3
	6	我想和大家一起努力,贡献自己的一份力量。	-3 -2 -1 0 1 2 3
	7	参与后会得到小礼物或报酬。	-3 -2 -1 0 1 2 3
	8	有新奇或者吸引人的理念。	-3 -2 -1 0 1 2 3
	9	参与过程简单,工具操作方便。	-3 -2 -1 0 1 2 3

续表

请问您关注或参与城市规划活动的主要原因/动机?	10	应他人要求。	−3 −2 −1 0 1 2 3
	11	受到社会环境压力。	−3 −2 −1 0 1 2 3
	12	受到亲友的言行影响。	−3 −2 −1 0 1 2 3
	13	听从他人建议。	−3 −2 −1 0 1 2 3
	14	仅仅是跟随他人行为。	−3 −2 −1 0 1 2 3
请问您拒绝关注或参与城市规划活动的原因?	1	我不知道如何参与。	−3 −2 −1 0 1 2 3
	2	相关术语和提问对我而言很难理解。	−3 −2 −1 0 1 2 3
	3	工作太忙没有时间。	−3 −2 −1 0 1 2 3
	4	信息发布不够广泛,没有接收到相关资讯。	−3 −2 −1 0 1 2 3
	5	双方缺乏有效沟通。	−3 −2 −1 0 1 2 3
	6	缺乏便捷的参与方式与工具。	−3 −2 −1 0 1 2 3
相较于传统的公众参与方式,您选择网络在线参与的原因是?	1	更容易获得信息。	−3 −2 −1 0 1 2 3
	2	更容易提交反馈意见。	−3 −2 −1 0 1 2 3
	3	节约时间。	−3 −2 −1 0 1 2 3
	4	减少交通出行。	−3 −2 −1 0 1 2 3
	5	更有趣味性。	−3 −2 −1 0 1 2 3

第七部分:城市规划公众参与意愿

如果有机会参与武汉市城市规划编制工作,请选择您的参与意愿。(−3=非常不愿意;−2=不愿意;−1=较不愿意;0=不确定;1=较愿意;2=愿意;3=非常愿意)

城市规划的尺度与层级	区域规划	−3 −2 −1 0 1 2 3
	城市总体规划	−3 −2 −1 0 1 2 3
	分区规划	−3 −2 −1 0 1 2 3
	居住区规划	−3 −2 −1 0 1 2 3

续表

城市规划的主要内容	功能分区	−3 −2 −1 0 1 2 3
	土地利用布局	−3 −2 −1 0 1 2 3
	综合交通规划	−3 −2 −1 0 1 2 3
	绿地空间规划	−3 −2 −1 0 1 2 3
	历史文化保护	−3 −2 −1 0 1 2 3
	市政设施规划	−3 −2 −1 0 1 2 3
	生态环境保护	−3 −2 −1 0 1 2 3
	防灾与公共安全	−3 −2 −1 0 1 2 3
城市规划的主要流程	编制启动阶段	−3 −2 −1 0 1 2 3
	现状调研阶段	−3 −2 −1 0 1 2 3
	方案征集阶段	−3 −2 −1 0 1 2 3
	方案论证阶段	−3 −2 −1 0 1 2 3
	方案确定阶段	−3 −2 −1 0 1 2 3
	方案实施阶段	−3 −2 −1 0 1 2 3
	监督检查阶段	−3 −2 −1 0 1 2 3
公众参与的媒介	电视	−3 −2 −1 0 1 2 3
	广播	−3 −2 −1 0 1 2 3
	电话	−3 −2 −1 0 1 2 3
	报纸	−3 −2 −1 0 1 2 3
	信件	−3 −2 −1 0 1 2 3
	会议	−3 −2 −1 0 1 2 3
	网络	−3 −2 −1 0 1 2 3
网络参与的途径/平台	综合门户网站	−3 −2 −1 0 1 2 3
	政府网站	−3 −2 −1 0 1 2 3
	专业软件	−3 −2 −1 0 1 2 3
	微博	−3 −2 −1 0 1 2 3
	微信	−3 −2 −1 0 1 2 3
	腾讯QQ	−3 −2 −1 0 1 2 3

续表

网络参与的设备	台式电脑	−3 −2 −1 0 1 2 3
	手提电脑	−3 −2 −1 0 1 2 3
	iPad 等平板电脑	−3 −2 −1 0 1 2 3
	手机	−3 −2 −1 0 1 2 3
网络参与的程度/方式	在线信息发布	−3 −2 −1 0 1 2 3
	网上问卷调查	−3 −2 −1 0 1 2 3
	在线论坛	−3 −2 −1 0 1 2 3
	在线查询服务	−3 −2 −1 0 1 2 3
	在线讨论	−3 −2 −1 0 1 2 3
	公众投票	−3 −2 −1 0 1 2 3

第八部分:城市规划网络公众参与意愿

正交实验设计:128 种组合,随机回答 8 个问题:

规划尺度	规划流程	规划内容	参与途径	参与方式	参与意愿
区域规划 城市规划 分区规划 居住区规划	编制启动阶段 方案征集阶段 方案确定阶段 规划实施与监测阶段	生态环境 交通与基础设施 历史文化保护 公共服务设施	政府网站 专业软件 微信公众号 官方微博	信息发布 网上调查 在线讨论 公众投票	−3 −2 −1 0 1 2 3
					−3 −2 −1 0 1 2 3
					−3 −2 −1 0 1 2 3
					−3 −2 −1 0 1 2 3

例:秉承“开门做规划”理念,诚挚邀请您来参与近期武汉市城市规划工作。

以下将进行一个基于不同规划情景的实验,如下图示例所示:在“城市规划尺度”层面的“方案确定阶段”,针对“公共服务设施”这项规划内容,如果在“政府网站”上采用“公众投票”的方式,请问您的参与意愿与倾向。

请点击“下一页”，实验开始。

ID	规划尺度	规划流程	规划内容	参与途径	参与方式	参与意愿
1	分区规划	方案征集阶段	生态环境	官方微博	信息发布	-3　-2　-1　0　1　2　3
2	城市规划	规划实施与确定阶段	公共服务设施	微信公众号	在线讨论	-3　-2　-1　0　1　2　3
3	居住区规划	规划实施与确定阶段	交通与基础设施	专业软件	公众投票	-3　-2　-1　0　1　2　3
4	区域规划	方案征集阶段	历史文化保护	政府网站	网上调查	-3　-2　-1　0　1　2　3
5	居住区规划	规划实施与确定阶段	生态环境	政府网站	信息发布	-3　-2　-1　0　1　2　3
6	区域规划	方案征集阶段	公共服务设施	专业软件	在线讨论	-3　-2　-1　0　1　2　3
7	分区规划	方案征集阶段	交通与基础设施	微信公众号	公众投票	-3　-2　-1　0　1　2　3
8	城市规划	规划实施与确定阶段	历史文化保护	官方微博	网上调查	-3　-2　-1　0　1　2　3

第九部分：个人信息

1. 请问您的性别：

A.男　B.女

2. 请问您的年龄：

A.<20　B.20—29　C.30—39　D.40—49　E.50—59　F.≥ 60

3. 请问您的受教育程度：

A.初中及以下　B.高中　C.专科或本科　D.研究生以上

4. 请问您的职业：

A.行政管理人员　B.专业技术人员　C.办事人员及普通职员　D.商业服务业人员　E.学生　F.退休人员　G.其他

5. 请问您的职业所属行业领域：

A.农、林、牧、渔业　B.采矿业　C.制造业　D.电力、热力、燃气及水生产和供应业　E.建筑业　F.批发和零售业　G.交通运输、仓储和邮政业　H.住宿和餐饮业　I.信息传输、软件和信息技术服务业　J.金融业　K.房地产业　L.租赁和商务服务业　M.科学研究和技术服务业　N.水利、环境和公共设施管理业　O.居民服务、修理和其他服务业　P.教育　Q.卫生和社会工作　R.文化、体育和娱乐业　S.公共管理、社会保障和社会组织　T.国际组织

6. 请问您的工作内容是否属于以下领域?

A.城市规划、建筑、风景园林设计类　B.城市规划行政管理类　C.土地管理类　D.房地产及建设工程类　E.旅游类　F.不属于

7. 请问您的平均月收入状况:

A.小于 3000 元　B.3000—5000 元　C.5000—10000 元　D.10000 元以上

8. 请问您在武汉居住了多长时间?

A.1 年以下　B.1—5 年　C.6—10 年　D.11—20 年　E.21—30 年　F.30 年以上

9. 请问您的工作地点所属区域:

A.江岸区　B.江汉区　C.硚口区　D.汉阳区　E.武昌区　F.青山区　G.洪山区　H.东西湖区　I.汉南区　J.蔡甸区　K.江夏区　L.黄陂区　M.新洲区

10. 请问您的家庭住址所属区域:

A.江岸区　B.江汉区　C.硚口区　D.汉阳区　E.武昌区　F.青山区　G.洪山区　H.东西湖区　I.汉南区　J.蔡甸区　K.江夏区　L.黄陂区　M.新洲区

11. 请问您主要的通勤(交通)工具:

A.公共汽车　B.地铁　C.出租车　D.私家车　E.电动自行车　F.自行车　G.步行　H.其他

附录3　基于微信平台的公众参与系统用户手册

1. 引言

本系统基于“微信公众平台”研发，支持规划管理及编制人员发布规划方案，收集公众意见，并对公众意见进行整理、分类，统计，同时将公众意见处理情况实时反馈给公众。公众可以通过系统获取规划信息，反馈意见，并实时了解规划建议的最新动态。最终形成互联网模式下的规划公众参与及互动平台。

2. 软件运行环境

2.1　服务器端

操作系统：Windows Server 2003（及其以上版本）

数据库：Microsoft SQL Server 2005（及其以上版本）

Web 服务：IIS6.0（及其以上版本）

运行环境：Microsoft.NET Framework 3.5（及其以上版本）

2.2 客户端

硬件要求:Android4.0(及其以上版本)、IOS8.0(及其以上版本)。

软件要求:微信6.0(及其以上版本)。

3. 操作与界面

用户可登录本系统,进行信息查阅、问卷调查、规划建言等操作,详细说明如下:

3.1 用户登录

打开微信客户端,扫描二维码(见下图),或搜索微信公众号"神农架林区智慧规划"并关注,即可在手机端登录系统。登录后系统将获得您的微信头像和昵称。

3.2 信息阅览和反馈

用户进入"规划资讯"模块,或"规划热点"模块的"规划方案"栏目,可查看

全部的工作动态和已批的规划方案,该类信息以列表形式呈现,如下图所示:

神农架林区国土空间规划研讨会在...

发布于2017-05-18 10:09:39

一是推进节约集约，持续增强国土资源保障能力。在强化.........

松柏镇“四化同步”示范试点工作...

发布于2017-05-18 10:09:17

一是推进节约集约，持续增强国土资源保障能力。在强化.........

两个国家科技支撑计划项目在神农...

发布于2017-05-18 10:08:58

一是推进节约集约，持续增强国土资源保障能力。在强化.........

点击列表中的一条记录，可查看资讯详情，并可在文末的留言栏中查看和提交留言，如下图所示：

3.3 参与问卷调查

用户进入“规划热点”模块的“问卷调查”栏目可参与问卷调查，问卷以列表形式呈现，如下图所示：

点击列表中的一条记录,即可开始填写问卷,填写完成后点击"提交"按钮即可提交问卷,如下图所示:

3.4　参与规划建言

用户进入“规划建言”模块的“提交建言”栏目,可参与规划建言,用户可在此发表对规划的建议和意见,管理员可对其进行回复。提交留言有手动输入和语音输入两种方式,若使用语音输入,系统将获得手机麦克风的使用权限,如下图所示:

用户进入“规划建言”模块的“我的建言”栏目,可在此查看个人的留言记录,如下图所示:

附录4　基于网页的公众参与数据管理系统用户手册

1. 引言

本系统基于云服务平台研发,支持规划管理及编制人员发布规划方案,收集公众意见,并对公众意见进行整理、分类,统计,同时将公众意见处理情况实时反馈给公众。公众可以通过系统获取规划信息,反馈意见,并实时了解规划建议的最新动态。最终形成互联网模式下的规划公众参与及互动平台。

2. 软件运行环境

2.1　服务器端

操作系统:Windows Server 2003(及其以上版本)

数据库:Microsoft SQL Server 2005(及其以上版本)

Web 服务:IIS6.0(及其以上版本)

运行环境:Microsoft.NET Framework 3.5(及其以上版本)

2.2　客户端

硬件配置要求:CPU PII600MHz、64M 内存、500M 硬盘空间。

浏览器:Chrome 45(及其以上版本)、IE10(及其以上版本)。

3. 操作与界面(用户对象:公众)

3.1　通过浏览器登录 http://slj.wpdi.cn,即可进入“神农架林区智慧规划公众参与系统”首页,如下图所示:

网页顶部为菜单栏和滚动宣传图,下方由热门方案、最新方案、最新信息、二维码,共4个板块组成。

用户可登录本系统,进行信息查阅、问卷调查、规划建言等操作。

3.2　用户登录

本系统支持微信登录,用户进入首页后可点击右上角的“登录”按钮,通过微信扫码进行登录。

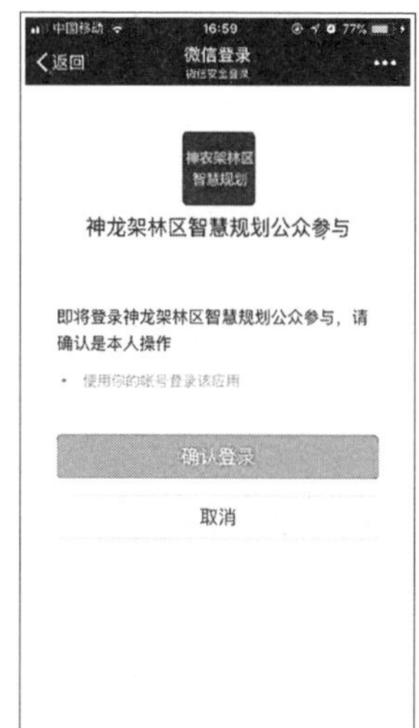

扫码后在手机端进行确认，即可登录本系统。该微信账号将成为本系统的唯一身份标识，用于绑定用户在本系统的活动记录。

3.3　信息阅览与反馈

用户进入“信息公告”“规划方案”模块可查看全部的工作动态和已批的规划方案，该类信息以列表形式呈现，如下图所示：

点击列表中的一条记录，可查看内容详情，并可在右侧的留言栏中查看和提交留言，系统管理员可对公众留言进行回复，如下图所示：

3.4　参与问卷调查

用户进入“问卷调查”模块可参与问卷调查,问卷以列表形式呈现,如下图所示:

点击列表中的一条记录，即可开始填写问卷，填写完成后点击“提交”按钮即可提交问卷，如下图所示：

问卷调查

《神农架松柏镇规划》企业调查问卷

发布于 2017-05-18 10:12:07

松柏镇处在一块美丽而富饶的山谷盆地中。一条发源于九龙池的小河，静静地从盆地中间流过，南北方向有两座遥遥相对的青山，一如狮，一如象，横亘数里，昂首翘尾，人们管这里叫狮象坪。相传炎帝神农氏曾在此镇伏激烈争斗的雄狮和大象，并将其变成对峙的两山而得名。

1．您的性别？

◎男

◎女

2．您的户籍所在地？

◎湖北省

◎湖南省

◎四川省

3.5　参与规划建言

用户进入“规划建言”模块可参与规划建言，用户可在此发表对神农架规划的建议和意见，管理员可对其进行回复，如下图所示：

4. 后台管理系统操作(用户对象:管理人员)

4.1 系统运行信息概要

用于直观反映系统的运行情况,包括关注人数的变化、公众意见反馈情况、各项目组意见反馈情况等。如下图所示:

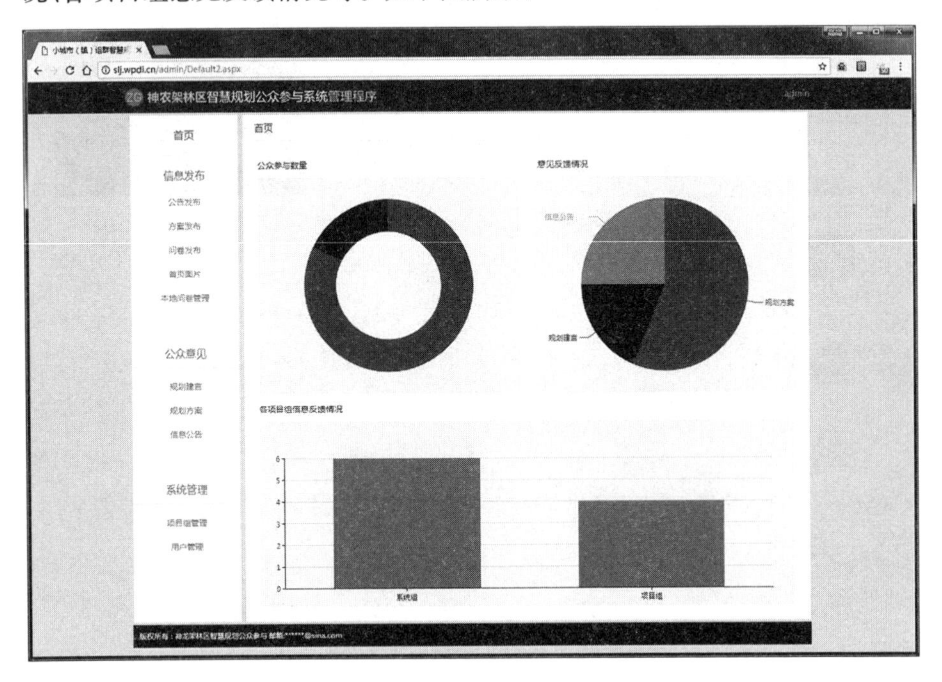

4.2 信息发布

用于更新和维护网站信息,主要包括信息公告、规划方案、问卷调查的更新维护,此外还可对网站首页的 Banner 图片进行调整。

用于更新和维护信息公告，可对已发布的信息公告进行“编辑”和“删除”操作，可通过关键字查询相关公告，如下图所示：

点击“设置标签”可设置其在首页的显示位置，如下图所示：

设置标签

热点方案　最新信息　最新方案

如此设置后，该条公告将在首页的“最新信息”一栏置顶显示（如下图）。一条公告可设置多项标签。

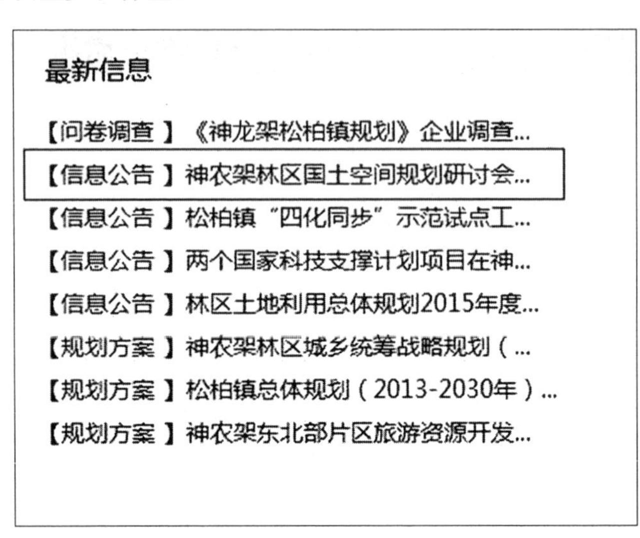

点击“新增公告”按钮，可以新建一条信息公告，按照下图中的要求填写标题、摘要、图片和内容后，点击“提交”按钮即可：

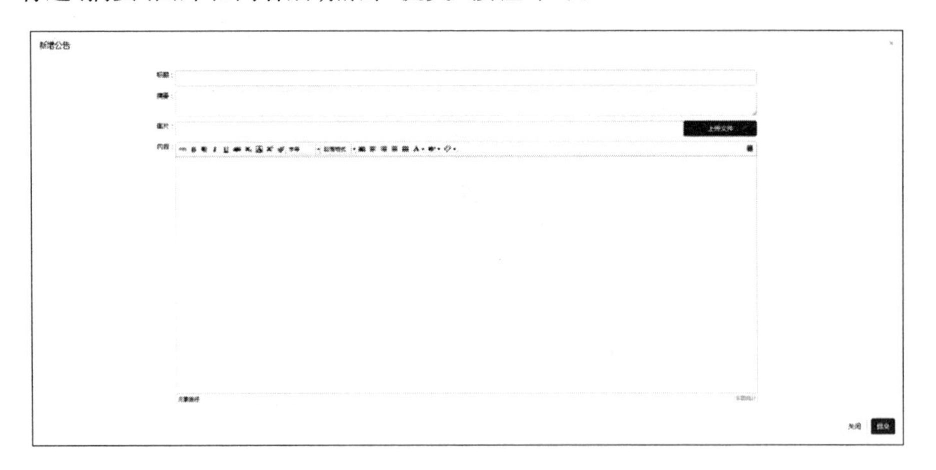

提交后的公告将在网站的信息公告一栏中显示，通过设置标签可设置其是否在网站首页显示。

4.3　公众意见管理

用于查看和回复公众在规划建言、信息公告、规划方案中的留言。

规划建言

用于查看和回复公众在网站“规划建言”一栏中的留言，可通过关键字查询留言信息，点击“查看与回复”可对留言进行回复，如下图：

公众意见

查询

序号	留言人	留言内容	发布时间	
1	A□周文亮??????	213213	2017-07-21 10:20:25	查看与回复
2	游客	121	2017-07-21 10:19:55	查看与回复
3	游客	方案不错	2017-06-28 15:38:36	查看与回复
4	高高	留言测试	2017-06-28 10:01:43	查看与回复
5	高高	哈哈	2017-06-14 11:32:22	查看与回复

规划方案

用于查看和回复公众在网站“规划方案”一栏中的留言，可通过关键字查询留言信息，点击“查看与回复”可对留言进行回复，如下图：

公众意见管理

名称　查询

序号	文章	留言内容	发布时间	
1	测试方案	方案留言~~	2017-07-31 15:18:47	查看与回复
2	神农架东北部片区旅游资源开发规...	的点点滴滴	2017-07-31 15:25:03	查看与回复
3	神农架东北部片区旅游资源开发规...	dd	2017-07-31 15:45:11	查看与回复
4	测试方案	留言测试	2017-07-31 16:53:41	查看与回复
5	测试方案	测试	2017-07-31 18:58:47	查看与回复
6	测试方案	测试AA	2017-07-31 18:59:17	查看与回复
7	松柏镇总体规划（2013-2030年）	太好了	2017-08-03 09:55:41	查看与回复
8	神农架东北部片区旅游资源开发规...	科学规划	2017-08-03 09:56:37	查看与回复
9	神农架东北部片区旅游资源开发规...	科学发展	2017-08-03 09:57:33	查看与回复

信息公告

用于查看和回复公众在网站"信息公告"一栏中的留言,可通过关键字查询留言信息,点击"查看与回复"可对留言进行回复,如下图:

公众意见

名称 查询

序号	文章	留言内容	发布时间	
1	神农架林区国土空间规划研讨会在...	好	2017-08-01 08:48:58	查看与回复

4.4 用户组及用户管理

可管理系统用户的账号和分组,本系统的用户可按照各自所在的规划项目组进行分组。此外,为保证系统安全,默认设置"系统管理组",只有加入系统管理组的用户才拥有系统用户的管理权限。一般用户仅可对信息发布和公众意见进行管理。

项目组管理

用于管理系统用户的项目组分组,可对已有的项目分组进行"编辑"和"删除"操作,如下图:

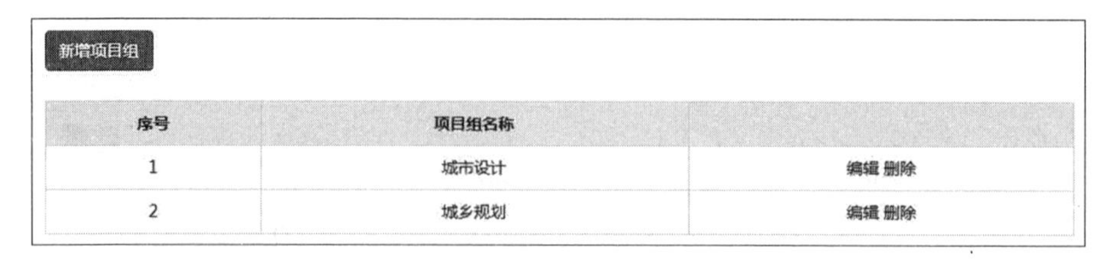

新增项目组

序号	项目组名称	
1	城市设计	编辑 删除
2	城乡规划	编辑 删除

点击"新增项目组"按钮,可增加项目分组,输入项目组名称,点击"提交"按钮即可,如下图:

项目组管理 ×

项目组名称: 城市设计

关闭 提交

用户管理

用于管理系统用户的账号、密码和分组，可对已有的用户进行“密码初始化”“编辑”和“删除”操作，初始化的密码默认为“wpdi”，如下图：

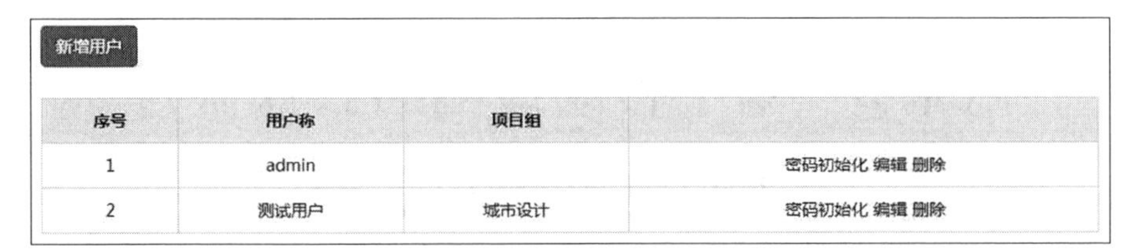

新增用户

序号	用户称	项目组	
1	admin		密码初始化 编辑 删除
2	测试用户	城市设计	密码初始化 编辑 删除

点击“新增用户”按钮，可对新用户进行授权，设置用户的账号和所在分组，点击“提交”按钮即可，默认密码为“wpdi”，如下图：

用户管理

用户名称：admin

所在项目组：系统管理组

关闭　提交

附录5 基于移动终端的公众监督上报软件用户手册

1. 引言

该用户手册用于说明基于移动终端的公众监督上报软件的使用方法、用户界面及运行环境。该软件可上传公众遇到的违法事件文字、图像、语音信息,并将违法事件分类后与管理端后台协同整合,实时查看执法人员执法进度。同时用户可利用本软件发送城市监管问题并查阅管理人员留言解答信息。

本软件根据实际需要并综合考虑可实施性,共设计登录操作管理、上报数据管理、新闻管理、预警管理与用户管理五大管理模块。

2. 运行环境

2.1 移动端硬件环境

处理器:CPU 主频 1.3Ghz 以上

内存:2GB 以上

其他硬件:具备分辨率 500 万像素以上的后置摄像头,

2.2　移动端软件环境

操作系统:Android 4.4 以上。

3. 操作与界面

3.1 主页面

(1)显示启动页面,2s 后跳转到主页面;

(2)主页面包含了“新闻”“地图”“个人中心”三个标签。

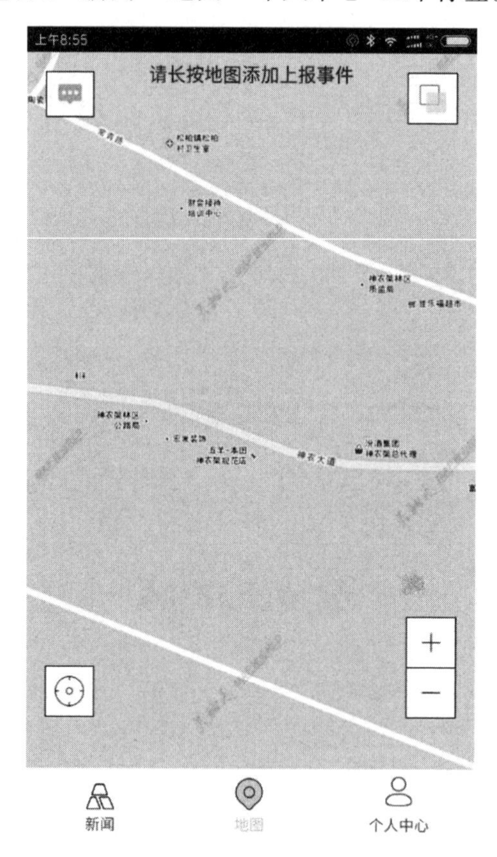

3.2　新闻

（1）切换到新闻标签，首先看到的是新闻的列表页面；

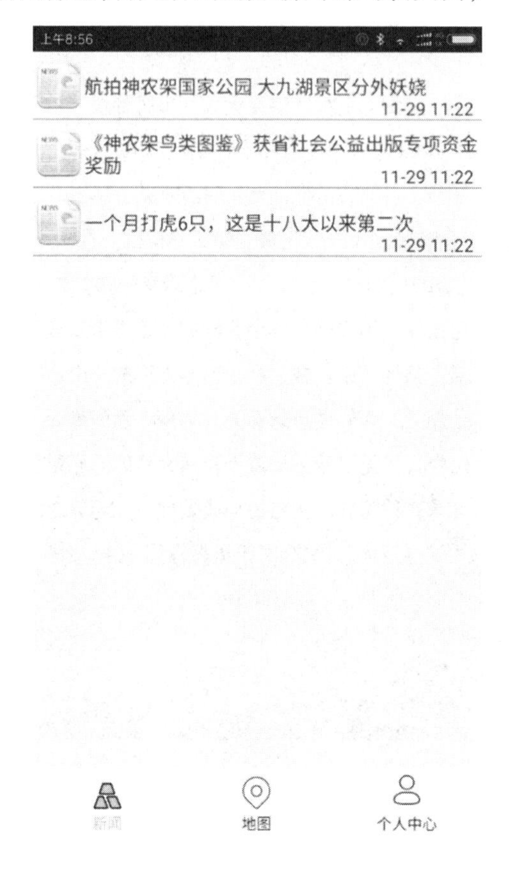

(2)点击其中一栏能够查看对应新闻的详情信息。

航拍神农架国家公园 大九湖景区分外妖娆

湖北日报网消息大九湖景区海拔1700m，南北长约15km，东西宽约3km，被称为"神农江南"。大九湖四周高山环绕，最高峰2800m，形成一道天然屏障。在大九湖东西有9个大山梁，梁上森林密布，气势雄伟。山梁间九条小溪犹如九条玉带从云雾中飘舞下来，在这高山盆地上形成一个个小湖泊。大九湖具有亚高山地域美丽的湖光山色，其泥炭藓沼泽湿地及其大片的湿原草甸具有独特性、稀有性与典型性，让无数游人流连忘返。（文/通讯员马超图/薛扬、汪庆华）

3.3 地图与上报

(1)点击左上角的消息按钮,跳转到消息页面,如果未登录,会跳转到登录页面;

(2)点击右上角的图层按钮,弹出图层选择的提示框;

(3)选择图层后,地图上叠加显示不同的图层;

(4)长按地图会显示气泡,并且弹出要素的信息与“我要上报”的按钮;

(5)点击“我要上报”的按钮,显示上报类型选择的页面;

(6)选择对应的上报类型后,跳转到事故上报的页面。

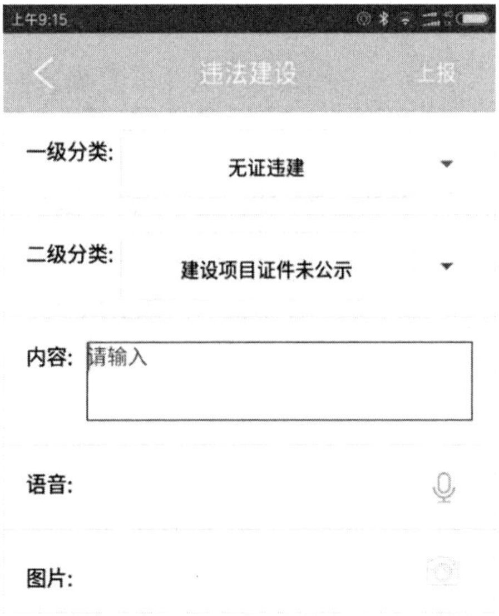

3.4 上报管理

(1)切换到“个人中心”标签,显示个人中心页面,选择任意按钮,会弹出登录页面;

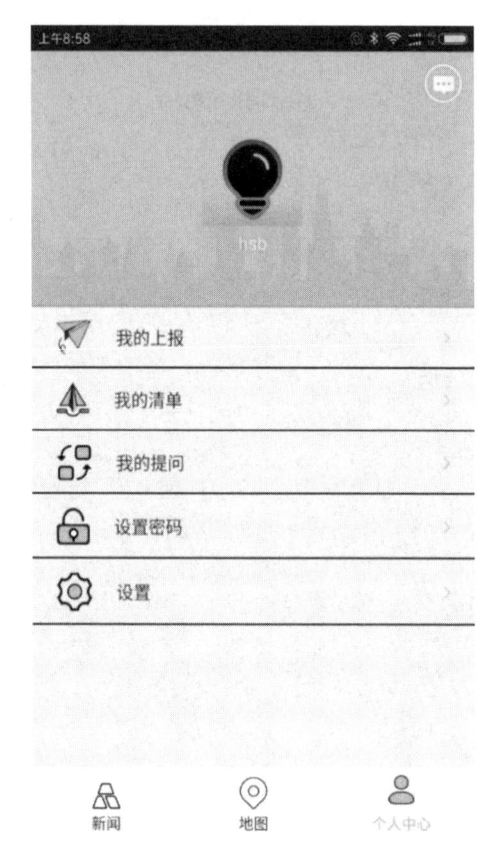

(2)如果用户为公众用户则显示“我的上报”“我的提问”“设置密码”“设置”;如果是政府上报员则显示“我的上报”“我的清单”“我的提问”“设置密码”“设置”;

(3)点击右上角的消息按钮,跳转到消息页面;

(4)点击“设置密码”,跳转到设置密码页面;

(5)点击“设置”,跳转到设置页面;

(6)点击“我的上报”,跳转到我的上报的列表页面,可以查看该用户的上报事件列表;

（7）点击顶部的上报类型，可以筛选不同类型的上报；

（8）点击其中一条上报，跳转到上报的详情页面；

(9)点击底部的“查看回复”,可以查看该事件的回复信息;

(10)点击右上角的“完结事件”,完结该事件;

(11)通过底部的输入栏,回复信息;

(12)点击“我的清单”,跳转到我的清单页面,可以查看分配给该用户的上报事件列表,其他的操作同“我的上报”相同;

(13)点击“我的提问”,跳转到我的提问的列表页面;

(14)点击右上角“添加”按钮,弹出提问的添加提示框,可以添加提问的文字与图片;

(15)点击列表中的一条提问信息,跳转到该提问的回复页面,可以通过地图回复该提问。

附录6　基于PC端的公众监督数据后台管理系统用户手册

1. 引言

1.1　编写目的

该用户手册意在加强系统设计人员、系统开发人员及系统维护人员对于系统的理解，进一步完善系统设计及功能，促进开发人员与维护人员通过该手册快速学习系统工作流程，同时适应手机端应用程序的业务需求，对上报的事务进行较快速的反应。根据实际需要并综合考虑可实施性，公众监督数据管理系统共设计登录操作管理、上报数据管理、新闻管理、预警管理与用户管理五大管理模块。

1.2　用户类型

（1）系统设计与开发人员

（2）规划与城管相关部门系统管理员

2. 运行环境

2.1　硬件环境

处理器:E7500

内存:4G 内存

硬盘:500G 硬盘

网络:百兆以太网

2.2　软件环境

操作系统:Windows Server 2008 以上

运行环境:Java1. 7 以上、Tomcat 8 以上

2.3　浏览器要求

本系统支持主流的浏览器如 chrome、Firefox、IE 浏览器等,推荐使用 Chrome 浏览器。

3. 操作与界面

3.1　登录与操作管理

3.1.1　登录

打开浏览器,输入公众监督数据管理系统网址,进入系统登录页面。

输入运维人员用户名和密码,系统检查无误后进入系统首页。

3.1.2　登录提示

系统首页如下图所示：

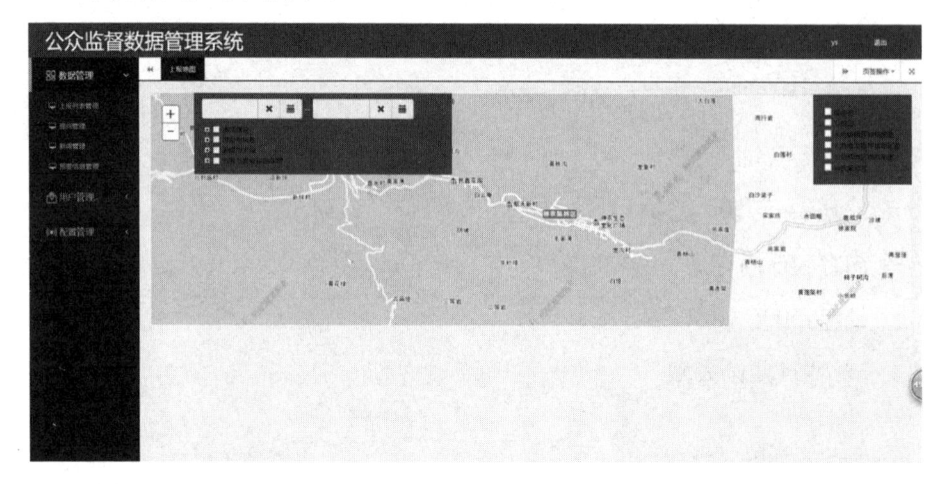

3.1.3 退出系统

单击系统首页右上角的退出，退出系统。

3.2 数据管理

3.2.1 上报列表管理

(1)上报列表管理首页

选择数据管理，再选择上报列表管理，进入上报列表管理首页，如下图所示：

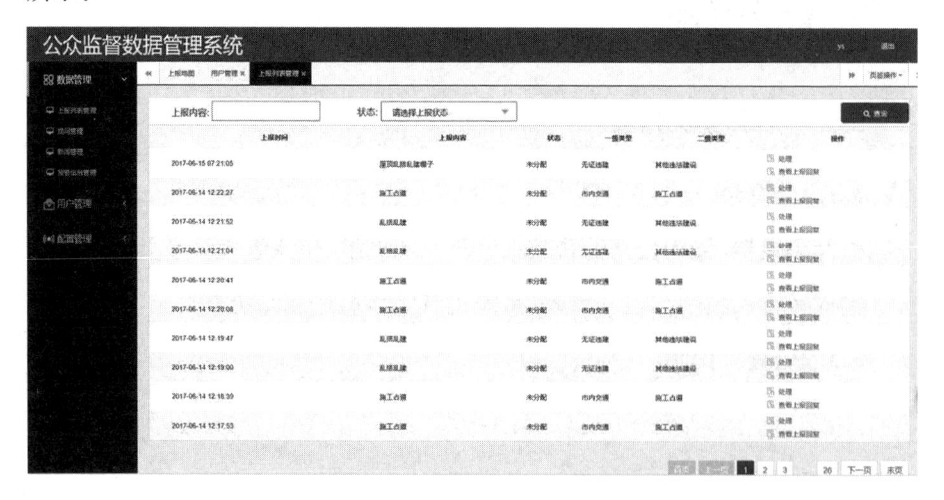

上报列表最上方是上报内容搜索栏，下方是上报信息列表。

(2)上报内容查询

在上报列表管理首页，可以根据上报内容和上报状态进行联合查询，查询结果会展示在上报列表中。

(3)上报处理

在上报信息列表，在单个上报信息后面，单击处理，进入上报处理页面，如下图所示：

上报处理页面包含上报信息的详细信息，包括违建类型、一级类型、二级类型、上报时间、上报人、违建描述、距离信息、违建图片、上报处理员列表和上报位置等。运维人员可以将上报指定给相应的处理人员进行处理。

单击修改后，系统将会保存相应的上报处理信息。

(4)查看和添加上报回复

在上报信息列表,在单个上报信息后面,单击查看上报回复,进入上报回复页面,如下图所示:

上报回复页面以消息列表的形式,按照时间降序排列展示上报回复信息。上报回复信息以文字和图片的形式展现。

在上报回复页面,选择添加上报回复,进入添加上报回复页面,如下图所示:

输入上报回复内容,上传上报回复图片,单击添加上报回复即可。

3.2.2　提问管理

(1)提问管理首页

选择数据管理,再选择提问管理,进入提问管理首页。

最上方是提问内容搜索栏,下方是提问信息列表。

(2)提问查询

在提问管理首页,可以根据提问内容进行查询,查询结果会展示在提问列表中。

(3)查看和添加提问回复

在提问信息列表,在单个提问信息后面,单击查看提问回复,进入提问回复页面。提问回复页面以消息列表的形式,按照时间降序排列展示提问回复信息。提问回复信息以文字和图片的形式展现。

在提问回复页面,选择添加提问回复,进入添加提问回复页面。输入提问回复内容,上传提问回复图片,单击添加提问回复即可。

3.3　新闻管理

3.3.1　新闻管理首页

选择数据管理,再选择新闻管理,进入新闻管理首页,如下图所示:

3.3.2　新闻列表

新闻列表展示新闻的标题,新闻创建时间等信息。在单个新闻记录后面,选择详情,进入新闻详情页面,在新闻详情页面,可以修改新闻的标题和内容。

3.3.3　新增新闻

在新闻管理首页上方,选择新增新闻,进入新增新闻页面。输入新闻标题和内容,单击新增完成新闻的发布。

3.4 预警信息管理

3.4.1 预警信息管理首页

选择数据管理,再选择预警信息管理,进入预警信息管理首页。

3.4.2 新增预警信息

在预警信息管理首页,选择新增预警信息,进入新增预警信息页面,输入预警内容,单击新增完成预警信息的新增。

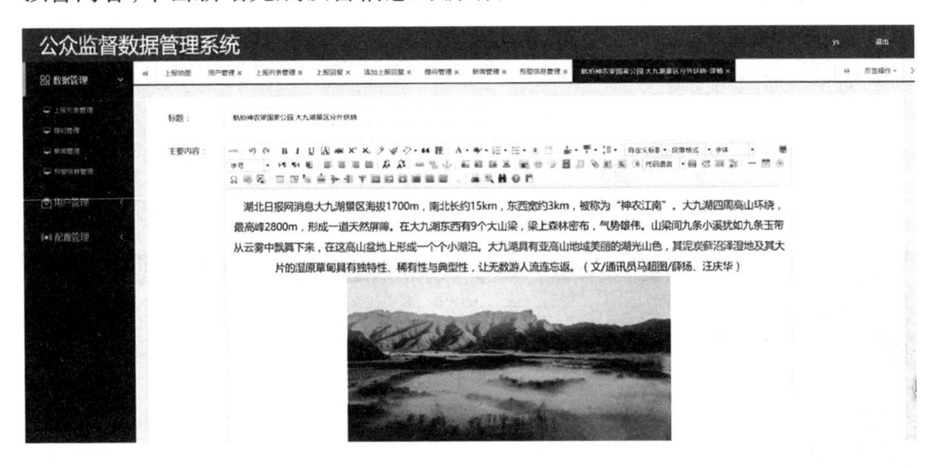

3.5 用户管理

3.5.1 用户管理首页

选择用户管理,进入用户管理首页,如下图所示:

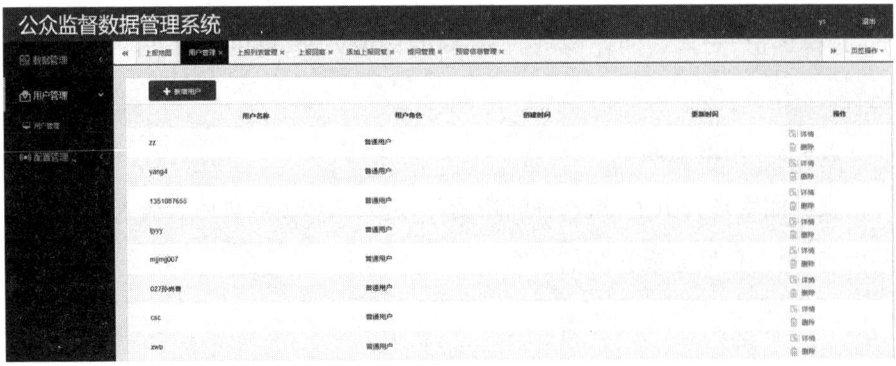

在单个用户信息后面，选择详情，进入用户详情页面，显示用户名称，密码和用户角色信息，选择修改可以修改上述信息。

在单个用户信息后面，选择删除，删除当前用户信息。

3.5.2　新增用户

在用户管理首页上方，选择新增用户，进入新增用户页面，如下图所示：

输入用户名称，密码，选择用户角色，单击新增完成用户新增。

3.5.3　配置管理

选择配置管理，再选择上报类型配置，进入上报类型配置首页，如下图所示：

违建类型列表显示违建类型名称和父类型信息。

在单个违建类型信息后面，选择详情，可以查看违建类型详细信息。

在单个违建类型（非根节点违建类型）后面，选择删除，可以实现违建类型的删除。

3.5.4 违建类型查询

在上报类型配置首页,输入类型名称,进行违建类型的搜索,结果展示在下方的违建类型列表。

3.5.5 违建类型新增

在上报类型配置首页右上角,选择新增违建类型,进入新增违建类型页面。输入类型名称和父类型名称,单击新增完成新的违建类型的新增。

责任编辑：洪　琼

图书在版编目（CIP）数据

基于众包模式的城乡规划公众参与研究/李文姝，张明，刘奇志 著. —北京：
人民出版社，2024.12
ISBN 978－7－01－026499－8

Ⅰ.①基…　Ⅱ.①李…②张…③刘…　Ⅲ.①城乡规划-公民-参与管理-
研究-中国　Ⅳ.①TU984.2

中国国家版本馆 CIP 数据核字（2024）第 077201 号

基于众包模式的城乡规划公众参与研究

JIYU ZHONGBAO MOSHI DE CHENGXIANG GUIHUA GONGZHONG CANYU YANJIU

李文姝　张　明　刘奇志　著

人民出版社 出版发行
（100706　北京市东城区隆福寺街 99 号）

北京汇林印务有限公司印刷　新华书店经销

2024 年 12 月第 1 版　2024 年 12 月北京第 1 次印刷
开本：710 毫米×1000 毫米 1/16　印张：17.25
字数：270 千字

ISBN 978－7－01－026499－8　定价：79.00 元

邮购地址 100706　北京市东城区隆福寺街 99 号
人民东方图书销售中心　电话（010）65250042　65289539

版权所有・侵权必究
凡购买本社图书，如有印制质量问题，我社负责调换。
服务电话：（010）65250042